安全生产网格管理员培训教材

赵守超　编著

UNITY PRESS 团结出版社

图书在版编目(CIP)数据

安全生产网格管理员培训教材 / 赵守超编著 . -- 北京 : 团结出版社 , 2018.4

ISBN 978-7-5126-6264-3

Ⅰ . ①安… Ⅱ . ①赵… Ⅲ . ①安全生产－安全培训－教材 Ⅳ . ① X93

中国版本图书馆 CIP 数据核字 (2018) 第 064964 号

出　　版：团结出版社

（北京市东城区东皇城根南街 84 号 邮编 ：100006）

电　　话：（010）65228880 65244790（出版社）

发行电话：（010）87952246 87952248

网　　址：www.tjpress.com

E-mail：65244790@163.com

经　　销：全国新华书店

印　　刷：三河市天润建兴印务有限公司

开　　本：787 × 1092　1/16

字　　数：180 千字

版　　次：2018 年 4 月第 1 版

印　　次：2018 年 4 月第 1 次印刷

书　　号：978-7-5126-6264-3

定　　价：38.00 元

前　言

FOREWORD

实施基层安全生产网格化监管，使安全生产监管体系延伸到最基层，协助打通安全生产监管“最后一公里”，是新形势下创新安全生产监管模式、增强安全生产监管效能的迫切要求，对于缓解基层安全生产监管任务和监管力量之间的突出矛盾，提升全社会安全生产综合治理能力，构建全覆盖、齐抓共管的安全生产监管工作格局意义重大。

为了提高安全生产网格管理员（以下简称网格员）工作效率，更好地发挥“信息员”和“宣传员”作用，笔者在总结全国各地安全生产网格化管理成功经验的基础上，并结合网格员工作职责要求和工作实际，编写了本书。

本书内容力求全面覆盖基层安全生产网格化监管工作的各项内容，包括安全生产法律法规常识、安全生产网格化管理概要、基层安全生产网格化管理规范、安全生产网格管理员工作规范、安全隐患排查要点、安全生产宣传教育，以及突发事件应对和现场处置等。另外，本书还提供了一些安全生产网格化管理典型经验和安全事故典型案例评析。

本书是可作为网格员培训教材，也可作为网格员开展日常工作的工具书，同时也适用于基层单位主要负责人、安全管理人员学习用书。希望本书对基层安全生产网格化监管工作、安全生产宣传教育“七进”活动起到一定作用。

本书在编审的过程中，得到了中安华邦（北京）安全生产技术研究院的大力支持与帮助。在此，表示最真挚的感谢！

由于时间仓促，编者水平有限，书中不足之处，在所难免，敬请批评指正。

编者

2018 年 3 月于北京

目录

CONTENT

目录 CONTENT

第一章

安全生产法律法规常识

第一节 安全生产方针

“安全第一、预防为主、综合治理”是我国安全生产的基本方针。这一方针反映了党和政府对安全生产规律的新认识，对于指导我们的安全生产工作有着十分重要的意义。

“安全第一”是要求我们在工作中始终把安全放在第一位。当安全与生产、安全与效益、安全与进度相冲突时，必须首先保证安全，即生产必须安全，不安全不能生产。

“预防为主”是要求我们在工作中时刻注意预防安全事故的发生。在生产的各个环节，要严格遵守安全生产管理制度和安全技术操作规程，认真履行岗位安全职责，防微杜渐，防患于未然，发现事故隐患要立即处理，自己不能处理的要及时上报，要积极主动地预防事故的发生。

“综合治理”就是综合运用经济、法律、行政等手段，人管、法治、技防多管齐下，并充分发挥社会、职工、舆论的监督作用，实现安全生产的齐抓共管。

“安全第一”“预防为主”和“综合治理”是目标、原则和手段、措施的有机统一的辩证关系。不坚持“安全第一”，“预防为主”很难落实；坚持“安全第一”，才能自觉地或科学地预防事故发生，达到安全生产的预期目的；只有坚持“预防为主”，才能减少事故、消灭隐患，才能做到安全生产。

只有正确理解安全生产方针，才能在工作中自觉地贯彻和落实。我国的安全生产方针可以归纳为以下几方面的内容：

（1）突出强调了“以人为本”的思想。人的生命是最宝贵的，人的生命权是人的其他一切权利的基础。劳动保护的根本就是要实现安全生产，只有劳动者的安全得到充分的保障，生产才可能顺利进行。

（2）“安全第一”是相对于生产而言的，即当生产和安全发生矛盾时，必须先解决安全问题，使生产在确保安全的情况下进行。劳动者绝不能在人身安全没有保障的情况下，为了完成生产任务而从事生产活动。广大劳动者要努力学习安全生产知识，掌握安全生产技能，提高安全生产和自我保护意识。

（3）在生产活动中，必须用辩证统一的观点去处理好安全与生产的关系。特别在生产任务繁忙的情况下，安全工作与生产工作发生矛盾时，更应处理好两者的关系。越是生产任务忙，越要重视安全，把安全工作搞好。否则，就会引发事故，生产也无法正常进行，这是多年来生产实践证明了的一条重要经验。

（4）安全生产工作必须强调“预防为主”。安全生产工作要求我们事先做好预防工作，防微杜渐，防患于未然，把事故隐患及时消灭在发生事故之前。“预防为主”是落实“安全第一”的基础，离开了“预防为主”，“安全第一”也是一句空话。

（5）在事故发生后，要在事故调查的基础上，确定相关人员的责任。对不遵守安全生产法律、法规或玩忽职守、违章操作的有关责任人员，要依法追究行政责任、民事责任和刑事责任。严肃追究有关事故责任人的责任，也是“安全第一，预防为主”这一方针的要求。

第二节 安全生产工作格局

我国当前安全生产工作格局为：党政统一领导、部门依法监管、企业全面负责、群众参与监督、全社会广泛支持。

1、党政统一领导

政府统一领导是指安全生产工作必须在国务院和地方各级人民政府的领导下，统一要求，统一部署，统一进行。各级政府是安全生产的领导和监管主体，各级政府的主要负责人是本行政区域安全生产的第一责任人，对本行政区域安全生产工作必须亲自抓、负总责。各级政府要贯彻落实党和国家关于安全生产的方针政策和法律法规，从体制、机制、投入等方面加强对安全生产工作的领导，落实安全生产责任制，把安全生产与经济发展放在同等重要位置，同时将安全生产纳入地方经济发展规划和指标考核体系。

2、部门依法监管

部门依法监督是指安全生产监管部门和相关部门，要依法履行综合监管和行业监管职责。各有关部门要在各自的职责范围内，本着“谁主管谁负责”的原则，对有关行业和领域的安全生产工作依法依规实施监督管理；加大监管力度，督促和指导生产经营单位不断强化安全基础，及时查处各类违法违规行为，督促生产经营单位依法进行生产经营活动。

3、企业全面负责

企业全面负责是指生产经营单位要依法做好方方面面的工作，切实保证本单位的安全生产。生产经营单位是安全生产责任主体，直接掌握决策权的各单位的法定代表人是本单位安全生产的第一责任人，对本单位的安全生产全面负责。

安全是生产经营单位持续稳定发展的保障，生产经营单位必须认真贯彻“安全第一、预防为主、综合治理”的方针，建立健全安全生产责任制和各项规章制度，要把安全生产的责任落实到每个环节、每个岗位、每位员工；同时，依法保障必要的安全投入、改善设备、革新技术、提高员工的安全素质，为生产经营活动提供强有力的安全保障。

生产经营单位要自觉接受政府的有效监管、行业部门的有效指导和社会的有效监督，确保安全生产目标的实现。

4、群众参与监督

群众监督一直是我国安全生产管理体制的重要组成部分。安全是人的基本需要，广大职工群众是生产经营活动的直接参与者，他们最了解活动中存在的问题和不足，对安全、健康的感受最深最直接，最能提出合理化建议和意见，要重视发挥职工群众的参与和监督作用，调动广大群众的安全生产积极性和主动性，献计献策，共同营造安全生产的氛围。支持各级工会组织参与安全生产决策，监督企业依法经营、地方政府和有关部门依法监管和监察。

5、全社会广泛支持

社会广泛支持是指要广泛动员社会各界力量，充分发挥全社会各方的作用，共同创建安全健康的工作环境。安全生产是全社会的共同责任，安全生产工作是一个系统工程，靠一个或几个部门都难以承担，必须提高全社会的安全意识和全民的安全素质，形成广泛的参与和监督机制；必须调动全社会的积极性，动员全社会关心、支持、参与和监督安全生产工作；要充分发挥社会各界如各类协会、学会、科研院所、中介机构和社团组织的作用，构建信息、法律、技术装备、宣传教育、培训和应急救援等安全生产支撑体系。在全社会形成“关爱生命、关注安全”的舆论氛围，努力实现我国安全生产状况的进一步好转。

新的安全工作格局，从各级政府、有关部门、生产经营单位、广大群众和社会各界五个层面着手，形成全社会齐抓共管、共同支持、密切配合的联动机制，全面推动“安全第一、预防为主、综合治理”方针的贯彻执行，协调一致搞好安全生产。

第三节 安全生产责任体系

1、企业主体责任

（1）企业对本单位安全生产和职业健康工作负全面责任，要严格履行安全生产法定责任，建立健全自我约束、持续改进的内生机制。

（2）企业实行全员安全生产责任制度，法定代表人和实际控制人同为安全生产第一责任人，主要技术负责人负有安全生产技术决策和指挥权，强化部门安全生产职责，落实一岗双责。

（3）完善落实混合所有制企业以及跨地区、多层级和境外中资企业投资主体的安全生产责任。

（4）建立企业全过程安全生产和职业健康管理制度，做到安全责任、管理、投入、培训和应急救援“五到位”。

（5）国有企业要发挥安全生产工作示范带头作用，自觉接受属地监管。

2、政府安全监督管理责任

（1）地方党委和政府领导责任。坚持党政同责、一岗双责、齐抓共管、失职追责，完善安全生产责任体系。地方各级党委和政府要始终把安全生产摆在重要位置，加强组织领导。党政主要负责人是本地区安全生产第一责任人，班子其他成员对分管范围内的安全生产工作负领导责任。地方各级安全生产委员会主任由政府主要负责人担任，成员由同级党委和政府及相关部门负责人组成。

地方各级党委要认真贯彻执行党的安全生产方针，在统揽本地区经济社会发展全局中同步推进安全生产工作，定期研究决定安全生产重大问题。加强安全生产监管机构领导班子、干部队伍建设。严格安全生产履职绩效考核和失职责任追究。强化安全生产宣传教育和舆论引导。发挥人大对安全生产工作的监督促进作用、政协对安全生产工作的民主监督作用。推动组织、宣传、政法、机构编制等单位支持保障安全生产工作。动员社会各界积极参与、支持、监督安全生产工作。

地方各级政府要把安全生产纳入经济社会发展总体规划，制定实施安全生产专项规划，健全安全投入保障制度。及时研究部署安全生产工作，严格落实属地监管责任。充分发挥安全生产委员会作用，实施安全生产责任目标管理。建立安全生产巡查制度，督促各部门和下级政府履职尽责。加强安全生产监管执法能力建设，推进安全科技创新，提升信息化管理水平。严格安全准入标准，指导管控安全风险，督促整治重大隐患，强化源头治理。加强应急管理，完善安全生产应急救援体系。依法依规开展事故调查处理，督促落实问题整改。

（2）部门监管责任。按照管行业必须管安全、管业务必须管安全、管生产经营必须管安全和谁主管谁负责的原则，厘清安全生产综合监管与行业监管的关系，明确各有关部门安全生产和职业健康工作职责，并落实到部门工作职责规定中。安全生产监督管理部门负责安全生产法规标准和政策规划制定修订、执法监督、事故调查处理、应急救援管理、统计分析、宣传教育培训等综合性工作，承担职责范围内行业领域安全生产和职业健康监管执法职责。负有安全生产监督管理职责的有关部门依法依规履行相关行业领域安全生产和职业健康监管职责，强化监管执法，严厉查处违法违规行为。其他行业领域主管部门负有安全生产管理责任，要将安全生产工作作为行业领域管理的重要内容，从行业规划、产业政策、法规标准、行政许可等方面加强行业安全生产工作，指导督促企事业单位加强安全管理。党委和政府其他有关部门要在职责范围内为安全生产工作提供支持保障，共同推进安全发展。

（3）责任考核机制。各级政府要对同级安全生产委员会成员单位和下级政府实施严格的安全生产工作责任考核，实行过程考核与结果考核相结合。各地区各单位要建立安全生产绩效与履职评定、职务晋升、奖励惩处挂钩制度，严格落实安全生产"一票否决"制度。

3、责任追究制度

（1）实行党政领导干部任期安全生产责任制，日常工作依责尽职、发生事故依责追究。

（2）依法依规制定各有关部门安全生产权力和责任清单，尽职照单免责、失职照单问责。

（3）建立企业生产经营全过程安全责任追溯制度。

（4）严肃查处安全生产领域项目审批、行政许可、监管执法中的失职渎职和权钱交易等腐败行为。

（5）严格事故直报制度，对瞒报、谎报、漏报、迟报事故的单位和个人依法依规追责。

（6）对被追究刑事责任的生产经营者依法实施相应的职业禁入，对事故发生负有重大责任的社会服务机构和人员依法严肃追究法律责任，并依法实施相应的行业禁入。

第四节 安全生产常用法律法规

1、《安全生产法》

《安全生产法》是我国第一部规范性安全生产的综合性基础法律，于 2002 年 11 月 1 日起正式施行。2014 年国家对《安全生产法》进行了修正，新修正《安全生产法》于 2014 年 12 月 1 日起施行。

新修订《安全生产法》主要包括总则、生产经营单位的安全生产保障、从业人员的安全生产权利义务、安全生产的监督管理、生产安全事故的应急救援与调查处理、法律责任及总则。

鉴于乡、镇人民政府以及乡镇街道是安全生产工作的重要基础，《安全生产法》中对地方人民政府的派出机关安全生产工作职责做了明确规定，乡、镇人民政府以及街道办事处、开发区管理机构等地方人民政府的派出机关应当按照职责，加强对本行政区域内生产经营单位安全生产状况的监督检查，协助上级人民政府有关部门依法履行安全生产监督管理职责。

此外，居民委员会、村民委员会所在区域内的生产经营单位存在事故隐患或者安全生产违法行为，可能造成生产安全事故，不仅可能危害从业人员的安全，还可能危及周围地区居民或者村民的安全。针对上述情况《安全生产法》提出，居民委员会、村民委员会发现其所在区域内的生产经营单位存在事故隐患或者安全生产违法行为时，应当向当地人民政府或者有关部门报告。否则，一旦出现问题，有关责任人员应承担相应的法律责任。

《安全生产法》对生产经营单位的安全生产责任做了明确规定，主要内容如下：

（1）生产经营单位必须遵守本法和其他有关安全生产的法律、法规，加强安全生产管理，建立、健全安全生产责任制和安全生产规章制度，改善安全生产条件，推进安全生产标准化建设，提高安全生产水平，确保安全生产。

（2）生产经营单位的主要负责人对本单位的安全生产工作全面负责。

（3）生产经营单位应当对从业人员进行安全生产教育和培训，保证从业人员具备必要的安全生产知识，熟悉有关的安全生产规章制度和安全操作规程，掌握本岗位的安全操作技能，了解事故应急处理措施，知悉自身在安全生产方面的权利和义务。未经安全生产教育和培训合格的从业人员，不得上岗作业。

（4）生产经营单位的特种作业人员必须按照国家有关规定经专门的安全作业培训，取得相应资格，方可上岗作业。

（5）生产经营单位应当在有较大危险因素的生产经营场所和有关设施、设备上，设置明显的安全警示标志。

（6）生产经营单位应当建立健全生产安全事故隐患排查治理制度，采取技术、管理措施，及时发现并消除事故隐患。事故隐患排查治理情况应当如实记录，并向从业人员通报。

（7）生产、经营、储存、使用危险物品的车间、商店、仓库不得与员工宿舍在同一座建筑物内，并应当与员工宿舍保持安全距离。生产经营场所和员工宿舍应当设有符合紧急疏散要求、标志明显、保持畅通的出口。禁止锁闭、封堵生产经营场所或者员工宿舍的出口。

（8）生产经营单位必须为从业人员提供符合国家标准或者行业标准的劳动防护用品，并监督、教育从业人员按照使用规则佩戴、使用。

《安全生产法》对相关事故责任的处罚也做了严格规定，一旦生产经营单位出现违法行为或者造成事故的，最高会处以1000万罚金。而且，重大、特别重大事故负有责任的主要负责人，终身不得担任本行业生产经营单位的主要负责人。

2、《刑法》

《刑法》是规定犯罪、刑事责任和刑罚的法律，自1979年10月1日正式施行后共经九次修正。《刑法修正案（九）》自2015年11月1日起施行。

（1）关于举办大型群众性活动的法律规定。根据《刑法》规定，基层在举办大型群众性活动时，不得违反安全管理规定。若因此发生重大伤亡事故或者造成其他严重后果的，对直接负责的主管人员和其他直接责任人员，处三年以下有期徒刑或者拘役；情节特别恶劣的，处三年以上七年以下有期徒刑。

（2）关于爆炸性、易燃性、放射性、毒害性、腐蚀性物品的管理规定。辖区内，凡涉及生产、储存、使用上述物品的单位应注意：在生产、储存、运输、使用中发生重大事故，造成严重后果的，处三年以下有期徒刑或者拘役；后果特别严重的，处三年以上七年以下有期徒刑。

（3）关于安全生产设施或者安全生产条件的规定。安全生产设施或者安全生产条件不符合国家规定，因而发生重大伤亡事故或者造成其他严重后果的，对直接负责的主管人员和其他直接责任人员，处三年以下有期徒刑或者拘役；情节特别恶劣的，处三年以上七年以下有期徒刑。辖区内，所有安全生产设施或者安全生产条件均应符合国家规定。

3、《职业病防治法》

《职业病防治法》，自 2002 年 5 月 1 日起施行，2011 年 12 月 31 日通过第一次修订，2016年7月2日通过第二次修正。根据《职业病防治法》,辖区内的用人单位应注意以下问题：

（1）产生职业病危害的用人单位的设立除应当符合法律、行政法规规定的设立条件外，其工作场所还应当符合下列职业卫生要求：

①职业病危害因素的强度或者浓度符合国家职业卫生标准。

②有与职业病危害防护相适应的设施。

③生产布局合理，符合有害与无害作业分开的原则。

④有配套的更衣间、洗浴间、孕妇休息间等卫生设施。

⑤设备、工具、用具等设施符合保护劳动者生理、心理健康的要求。

⑥法律、行政法规和国务院卫生行政部门、安全生产监督管理部门关于保护劳动者健康的其他要求。

（2）用人单位应当采取下列职业病防治管理措施：

①设置或者指定职业卫生管理机构或者组织，配备专职或者兼职的职业卫生管理人员，负责本单位的职业病防治工作。

②制定职业病防治计划和实施方案。

③建立、健全职业卫生管理制度和操作规程。

④建立、健全职业卫生档案和劳动者健康监护档案。

⑤建立、健全工作场所职业病危害因素监测及评价制度。

⑥建立、健全职业病危害事故应急救援预案。

（3）产生职业病危害的用人单位，应当在醒目位置设置公告栏，公布有关职业病防治的规章制度、操作规程、职业病危害事故应急救援措施和工作场所职业病危害因素检测结果。对产生严重职业病危害的作业岗位，应当在其醒目位置，设置警示标识和中文警示说明。警示说明应当载明产生职业病危害的种类、后果、预防以及应急救治措施等内容。

（4）用人单位对采用的技术、工艺、设备、材料，应当知悉其产生的职业病危害，对有职业病危害的技术、工艺、设备、材料隐瞒其危害而采用的，对所造成的职业病危害后果承担责任。

（5）用人单位与劳动者订立劳动合同时，应当将工作过程中可能产生的职业病危害及其后果、职业病防护措施和待遇等如实告知劳动者，并在劳动合同中写明，不得隐瞒或者欺骗。

4、《消防法》

《消防法》于1998年4月29日第九届全国人民代表大会常务委员会第二次会议通过，并于2008年10月修订，修订后的《消防法》自2009年5月1日起施行。

《消防法》提出，消防工作贯彻预防为主、防消结合的方针，按照政府统一领导、部门依法监管、单位全面负责、公民积极参与的原则，实行消防安全责任制，建立健全社会化的消防工作网络。这是消防工作的总体方针和工作机制。

根据《消防法》，村民委员会、居民委员会应当履行的消防工作职责有：

（1）协助人民政府以及公安机关等部门，加强消防宣传教育。

（2）确定消防安全管理人，组织制定防火安全公约，进行防火安全检查。

（3）根据需要，建立志愿消防队等多种形式的消防组织，开展群众性自防自救工作。

此外，《消防法》还规定，任何单位和个人都有维护消防安全、保护消防设施、预防火灾、报告火警的义务。任何单位和成年人都有参加有组织的灭火工作的义务；不得损坏、挪用或者擅自拆除、停用消防设施、器材，不得埋压、圈占、遮挡消火栓或者占用防火间距，不得占用、堵塞、封闭疏散通道、安全出口、消防车通道。人员密集场所的门窗不得设置影响逃生和灭火救援的障碍物。

根据上述规定，安全生产网格管理员在开展辖区内消防工作时，应依照消防工作方针和机制，履行相关义务，并督促辖区内单位及个人遵守法律规定。

5、《突发事件应对法》

《突发事件应对法》于2007年8月30日第十届全国人民代表大会常务委员会第二十九次会议通过，自2007年11月1日起施行。

根据《突发事件应对法》，国家建立统一领导、综合协调、分类管理、分级负责、属地管理为主的应急管理体制。

（1）突发事件的预防和应急准备方面：

①各级政府和政府有关部门应当制定、适时修订应急预案，并严格予以执行；城乡规划应当符合预防、处置突发事件的需要，统筹安排应对突发事件所必需的设备和基础设施建设，合理确定应急避难场所。

②县级人民政府应当加强对本行政区域内危险源、危险区域的监控，并责令有关单位采取安全防范措施；县级以上地方各级人民政府应当及时向社会公布危险源、危险区域。

③县级人民政府及其有关部门、乡级人民政府、街道办事处、居民委员会、村民委员会应当及时调解处理可能引发社会安全事件的矛盾纠纷。

④县级以上人民政府应当建立健全突发事件应急管理培训制度，整合应急资源，建立或者确定综合性应急救援队伍，加强专业应急救援队伍与非专业应急救援队伍的合作，联合培训、联合演练，提高合成应急、协同应急的能力。

⑤县级人民政府及其有关部门、乡级人民政府、街道办事处应当组织开展应急知识的宣传普及活动和必要的应急演练。

⑥居民委员会、村民委员会、企业事业单位应当根据所在地人民政府的要求，结合自身的实际情况，开展有关突发事件应急知识的宣传普及活动和必要的应急演练。

（2）突发事件的监测和预警方面：

①县级以上地方人民政府应当建立或者确定本地区统一的突发事件信息系统，并与上下级人民政府及其有关部门、专业机构和监测网点的突发事件信息系统实现互联互通；

②县级人民政府应当在居民委员会、村民委员会和有关单位建立专职或者兼职信息报告员制度。

6、《生产安全事故报告和调查处理条例》

《生产安全事故报告和调查处理条例》（国务院令第493号）于2007年3月28日国务院第172次常务会议通过，自2007年6月1日起施行。

《生产安全事故报告和调查处理条例》（以下简称《条例》）根据生产安全事故（以下简称事故）造成的人员伤亡或者直接经济损失，将事故分为四级。

（1）特别重大事故，是指造成30人以上死亡，或者100人以上重伤（包括急性工业中毒，下同），或者1亿元以上直接经济损失的事故。

（2）重大事故，是指造成10人以上30人以下死亡，或者50人以上100人以下重伤，或者5000万元以上1亿元以下直接经济损失的事故。

（3）较大事故，是指造成 3 人以上 10 人以下死亡，或者 10 人以上 50 人以下重伤，或者 1000 万元以上 5000 万元以下直接经济损失的事故。

（4）一般事故，是指造成 3 人以下死亡，或者 10 人以下重伤，或者 1000 万元以下直接经济损失的事故。

事故等级确定之后，《条例》还对事故报告的原则、时间和内容等作了相关规定。

（1）事故报告应当及时、准确、完整，任何单位和个人对事故不得迟报、漏报、谎报或者瞒报。事故调查处理应当坚持实事求是、尊重科学的原则，及时、准确地查清事故经过。

（2）事故发生后，事故现场有关人员应当立即向本单位负责人报告；单位负责人接到报告后，应当于 1 小时内向事故发生地县级以上人民政府安全生产监督管理部门和负有安全生产监督管理职责的有关部门报告。情况紧急时，事故现场有关人员可以直接向事故发生地县级以上人民政府安全生产监督管理部门和负有安全生产监督管理职责的有关部门报告。

（3）报告事故应当包括下列内容：事故发生单位概况；事故发生的时间、地点以及事故现场情况；事故的简要经过；事故已经造成或者可能造成的伤亡人数（包括下落不明的人数）和初步估计的直接经济损失；已经采取的措施；其他应当报告的情况。

7、《安全生产许可证条例》

《安全生产许可证条例》（国务院令第 397 号）于 2004 年 1 月 7 日国务院第 34 次常务会议通过，自 2004 年 1 月 13 日起施行。

（1）安全生产许可制度。国家对矿山企业、建筑施工企业和危险化学品、烟花爆竹、民用爆破器材生产企业实行安全生产许可制度。企业未取得安全生产许可证的，不得从事生产活动。

（2）取得安全生产许可证的条件。企业取得安全生产许可证，应当具备下列安全生产条件：

①建立、健全安全生产责任制，制定完备的安全生产规章制度和操作规程。

②安全投入符合安全生产要求。

③设置安全生产管理机构，配备专职安全生产管理人员。

④主要负责人和安全生产管理人员经考核合格。

⑤特种作业人员经有关业务主管部门考核合格，取得特种作业操作资格证书。

⑥从业人员经安全生产教育和培训合格。

⑦依法参加工伤保险，为从业人员缴纳保险费。

⑧厂房、作业场所和安全设施、设备、工艺符合有关安全生产法律、法规、标准和规程的要求。

⑨有职业危害防治措施，并为从业人员配备符合国家标准或者行业标准的劳动防护用品。

⑩依法进行安全评价。

⑪ 有重大危险源检测、评估、监控措施和应急预案。

⑫ 有生产安全事故应急救援预案、应急救援组织或者应急救援人员，配备必要的应急救援器材、设备。

⑬ 法律、法规规定的其他条件。

第二章

安全生产网格化管理概要

第一节 网格化管理的由来

网格概念是美国Argonne国家实验室的资深科学家Ian Foster于1998年在其著作中提出的。Ian Foster的定义是："网格是构筑在互联网上的一组新兴技术，它将高速互联网、高性能计算机、大型数据库、传感器、远程设备等融为一体，为科技人员和普通百姓提供更多的资源、功能和交互性。互联网主要为人们提供电子邮件、网页浏览等通信功能，而网格功能则更多更强，让人们透明地使用计算、存储等其他资源。"

网格的根本特征是资源共享和分布协同工作。近年来网格研究和应用的主体在科学计算领域。网格技术在管理领域中的应用便产生了网格化管理思想。网格化管理在国内最早见于网格巡逻。2004年北京市东城区首创城市网格化管理，于2004年10月22日开始在东城区试运行，国家建设部充分肯定了这种管理探索并于2005年7月提出了推广意见。城市网格化管理主要通过"万米网格""城市部件管理法"和"城市事件管理法"完成对城市中管理目标的信息管理。但网格化管理作为处理复杂管理事务的一种新兴管理模式，尚处在初级发展阶段，对网格化管理应用的诸多关键问题的研究也刚刚起步。

网格化管理是指城市网格化服务管理，是按照住户数量、楼宇、街道边界等标准，将城市社区划分成若干单元网格，每单元网格设置网格员。网格员按照统一的工作标准和制度，对主动巡查发现或者接受市民投诉的网格内社会服务及城市管理事项，及时自行处置，或者通过网格化服务管理信息系统上报网格化服务管理服务中心立案后派送责任职能部门予以处置，并由网格员现场核实处置结果并反馈结案的政府社会服务管理模式。网格化管理内容为对公用设施、建设管理、道路交通、交通运输、市容环卫、环境保护、园林绿化、工商行政、食品药品监督、安全生产监督、公共卫生等管理领域内可以通过巡查发现的与城市运行和管理相关的公共设施（设备）、正在发生的影响公共管理秩序的行为、影响市容环境的状态等。

2011年12月30日，《国务院关于加强和改进消防工作的意见》（国发〔2011〕46号）中提出，"乡镇人民政府和街道办事处要建立消防安全组织，明确专人负责消防工作，推行消防安全网格化管理，加强消防安全基础建设，全面提升农村和社区消防工作水平。”充分依靠基层政府和社会组织，整合社会管理资源，坚持专群结合、群防群治，按照属地管理原则，在城市街道办事处以社区为单元，在乡镇人民政府以村屯为单元，划分若干消防安全管理网格，对网格内的单位、场所、居（村）民楼院、村组实施动态管理，构建“全覆盖、无盲区”的消防管理网络。

网格化不仅仅是城市服务管理工作的辅助性工具和手段，而将成为城市服务管理的主要工作方式和载体。网格化管理围绕“更清晰地掌握情况、更及时地发现问题、更迅速地处置问题、更有效地解决问题”，形成了“信息采集、事项立项、任务派遣、任务处置、结果反馈、核实结案、综合评价、绩效考核”的八步工作流程和“简单问题立即办，复杂问题研究办，交叉问题会商办，部门问题移交办，紧急问题抓紧办”的五办工作法，极大地提高了服务管理效率，使城市运行更有序、居民生活更安全。

网格化管理形成了“纵向到底、横向到边、无缝覆盖”的服务管理格局，将服务管理的触角由面到点、延伸入户，让生活在这里的每位居民都成为网格里的幸福“网民”。“上门服务”“零距离服务”“面对面服务”成为常态，网格内居民的多元化诉求能及时掌握、及时处理，极大地提升了管理的有效性和服务的针对性。

第二节 安全生产网格化管理政策依据

1、《安全生产法》相关规定

《安全生产法》第八条第三款规定：“乡、镇人民政府以及街道办事处、开发区管理机构等地方人民政府的派出机关应当按照职责，加强对本行政区域内生产经营单位安全生产状况的监督检查，协助上级人民政府有关部门依法履行安全生产监督管理职责。”

《安全生产法》第七十二条规定：“居民委员会、村民委员会发现其所在区域内的生产经营单位存在事故隐患或者安全生产违法行为时，应当向当地人民政府或者有关部门报告。”

2、《关于推进城市安全发展的意见》相关规定

为强化城市运行安全保障，有效防范事故发生，中共中央办公厅、国务院办公厅印发了《关于推进城市安全发展的意见》。在第五章“强化城市安全保障能力”中提出：“完

善城市社区安全网格化工作体系，强化末梢管理。”

3、《关于加强和完善城乡社区治理的意见》相关规定

为全面提升城乡社区治理法治化、科学化、精细化水平和组织化程度，促进城乡社区治理体系和治理能力现代化，中共中央办公厅、国务院办公厅印发了《关于加强和完善城乡社区治理的意见》。在第三章“不断提升城乡社区治理水平”中提出：“推进平安社区建设，依托社区综治中心，拓展网格化服务管理，加强城乡社区治安防控网建设，深化城乡社区警务战略，全面提高社区治安综合治理水平，防范打击黑恶势力扰乱基层治理。”

4、《中共中央关于全面深化改革若干重大问题的决定》相关规定

为贯彻落实党的十八大关于全面深化改革的战略部署，十八届中央委员会第三次全体会议研究了全面深化改革的若干重大问题，并通过了《中共中央关于全面深化改革若干重大问题的决定》。在第十三章“创新社会治理体制”中提出：“坚持源头治理，标本兼治、重在治本，以网格化管理、社会化服务为方向，健全基层综合服务管理平台，及时反映和协调人民群众各方面各层次利益诉求。”

5、《中共中央关于深化党和国家机构改革的决定》相关规定

为贯彻落实党的十九大关于深化机构改革的决策部署，十九届中央委员会第三次全体会议研究了深化党和国家机构改革问题，并通过了《中共中央关于深化党和国家机构改革的决定》。在第六章第三项“构建简约高效的基层管理体制”中提出：“根据工作实际需要，整合基层的审批、服务、执法等方面力量，统筹机构编制资源，整合相关职能设立综合性机构，实行扁平化和网格化管理。”

6、《关于加强安全生产监管执法的通知》相关规定

为贯彻落实党的十八大、十八届二中、三中、四中全会精神和党中央、国务院有关决策部署，按照全面推进依法治国的要求，着力强化安全生产法治建设，严格执行安全生产法等法律法规，切实维护人民群众生命财产安全和健康权益，国务院办公厅印发了《关于加强安全生产监管执法的通知》。在第三章“创新安全生产监管执法机制”中提出：“推行安全生产网格化动态监管机制，力争用 3 年左右时间覆盖到所有生产经营单位和乡村、社区。”

7、《标本兼治遏制重特大事故工作指南》相关规定

为认真贯彻落实党中央、国务院决策部署，坚决遏制重特大事故频发势头，国务院安委会办公室制定了《标本兼治遏制重特大事故工作指南》。在第二章第三项“建立实行安全风险分级管控机制”中提出：“按照‘分区域、分级别、网格化’原则，实施安全风险差异化动态管理，明确落实每一处重大安全风险和重大危险源的安全管理与监管责任，强化风险管控技术、制度、管理措施，把可能导致的后果限制在可防、可控范围之内。”

8、《关于加强基层安全生产网格化监管工作的指导意见》相关规定

为进一步加强基层安全生产（含职业健康）工作，全面提升基层安全生产监管的精细化、信息化和社会化水平，国务院安委会办公室印发《关于加强基层安全生产网格化监管工作的指导意见》（以下简称《意见》）。《意见》要求，各地区要充分认识新形势下做好基层安全生产网格化监管工作的重要性，立足本辖区安全生产工作实际，抓好落实，推动安全生产监管工作关口前移、重心下移，全面提升基层安全生产监管的精细化、信息化和社会化水平，力争到2018年底，初步建成运行高效、覆盖所有乡镇（街道）、村（社区）和监督管理对象的基层安全生产网格化监管体系。

第三节 安全生产网格化管理工作的意义

实施基层安全生产网格化监管，使安全生产监管体系延伸到最基层，协助打通安全生产监管“最后一公里”，是新形势下创新安全生产监管模式、增强安全生产监管效能的迫切要求，对于缓解基层安全生产监管任务和监管力量之间的突出矛盾，提升全社会安全生产综合治理能力，构建全覆盖、齐抓共管的安全生产监管工作格局意义重大。

（1）破解“最后一公里”安全监管难题的有效手段。当前，现有安全监管的范围有限、力量薄弱的问题较为突出，在监管范畴内，仍然存在着不少盲区和短板。推动安全生产监管体系延伸到最底层，协助打通安全生产监管“最后一公里”问题，必须坚持重心下沉、关口前移，必须提升安全生产监管的精细化、信息化和社会化水平。借助网格化监管的方式，通过发挥安全生产网格管理员的信息员和宣传员的作用，有利于实现对安全生产工作的动态监管和前期处理，进一步延伸安全监管范围。

（2）提高全社会安全生产综合治理能力的重要举措。做好安全生产工作是一项系统

工程，离不开社会力量的积极参与。《安全生产“十三五”规划》提出要不断提升安全生产社会共治的能力与水平，完善“党政统一领导、部门依法监管、企业全面负责、群众参与监督、全社会广泛支持”的安全生产工作格局。在这一格局中，群众参与度和社会支持度对安全生产工作的重要性不言而喻。推行网格化监管工作，充分发挥安全生产网格管理员的“纽带”作用，搭建企业和政府监管部门沟通的桥梁，能够进一步利用好社会力量参与安全生产工作，有利于构建全覆盖、齐抓共管的安全生产监管工作氛围，提高全社会安全生产综合治理水平。

（3）提高安全监管效能的有力抓手。安全监管效能的提升离不开强有力的安全监管执法。安全生产监管执法的信息来源既包括执法机关年度安全生产监督检查计划、上级机关交办、下级部门报请、相关部门移送的案件、涉及生产安全事故的执法活动，又包括安全生产的举报和投诉。作为信息员，安全生产网格管理员根据《基层安全生产网格化监管工作手册》的要求，通过重点面向基层企业、“三小”场所（小商铺、小作坊、小娱乐场所）、家庭户等查看非法生产情况并及时报告，能够为安全监管精准执法提供有效信息，助推安全监管执法效能的提升。

第三章

基层安全生产网格化管理规范

第一节 安全生产网格化管理部门职责分工

基层安全生产网格化监管是指将乡镇（街道）及以下的安全生产监管区域划分成若干网格单元，既厘清单元内每个监督管理对象负有安全生产监督管理职责的部门，又明确单元内每个监督管理对象对应的安全生产网格管理员（以下简称网格员），通过加强信息化管理，实现负有安全生产监督管理职责的部门与网格员的互联互通、互为补充、有机结合。基层安全生产网格化监管是现有安全生产监管工作的延伸，充分发挥网格员的“信息员”和“宣传员”等作用，有利于协助负有安全生产监督管理职责的部门实现对基层安全生产工作的动态监管、源头治理和前端处理。

1、属地监管部门工作职责

（1）将基层安全生产网格化监管工作纳入安全生产工作重要内容，对基层安全生产网格化监管工作进行总体部署，结合既有网格情况，明确基层安全生产网格化监管工作的牵头部门和配合部门，并制订实施方案。

（2）厘清网格员与基层安全生产监督管理部门、派出机构（如部分乡镇安监站等）的关系。

（3）协调解决人员、经费等问题。

（4）加强基层安全生产网格监管信息化建设，为基层安全生产网格化监管工作的顺利开展提供保障。

2、基层安全生产网格化监管工作牵头部门工作职责

（1）制定基层安全生产网格化监管工作实施方案。牵头编制基层安全生产网格化监管示意图，明确各网格的网格员、安全监管责任人和联系负责人。根据网格内监督管理对象的情况，牵头编制《基层安全生产网格化监管工作手册》（以下简称《网格手册》）等实用性强的工作规范和标准。制作网格员明白卡，明确网格员工作任务和报告方式。

（2）对网格员上报的信息进行汇总和分类处置。对属于牵头部门监督管理职责范围内的安全生产非法、违法行为依法依规进行处置；对属于配合部门职责范围内的安全生产非法、违法行为，交由其进行处置。

（3）协调解决基层安全生产网格化监管工作中遇到的问题。

3、基层安全生产网格化监管工作配合部门工作职责

（1）确定专人配合牵头部门编制基层安全生产网格化监管工作实施方案和基层安全生产网格化监管示意图。按照牵头部门要求，配合编制《网格手册》等实用性强的工作规范和标准。

（2）根据本部门职责，对网格员上报或牵头部门交办的安全生产非法、违法行为依法依规进行处置。

（3）配合牵头部门，解决基层安全生产网格化监管工作中遇到的问题。

第二节　安全生产网格划分原则

网格是指在城乡社区、行政村及其他特定空间区划之内划分的基层综合服务管理单元。根据本地区实际，城乡社区原则上宜按照常住300～500户或1000人左右为单位划分网格；行政村可以将一个村民小组（自然村）划分为一个或多个网格；对城乡社区内较大商务楼宇、各类园区、商圈市场、学校、医院及有关企业事业单位，可以结合实际划分为专属网格。每个网格应有唯一的编码，以实现网格地理信息数字化。网格编码由省（自治区、直辖市）统一编制并确定。在具体划分网格时，可遵循下列原则：

（1）依托既有网格。根据《中共中央国务院关于加强和完善城乡社区治理的意见》中关于拓展网格化服务管理的要求，最大限度协调利用社会管理综合治理网格或其他既有网格资源，积极推动安全生产网格与既有网格资源在队伍建设、工作机制、工作绩效、信息平台等方面的融合对接。注重发挥居民委员会、村民委员会等基层群众自治组织在发现生产经营单位事故隐患或安全违法行为中的作用，加强信息沟通联系，形成工作合力。

（2）注重条块结合。单独组建网格时，原则上以乡镇（街道）、村（社区）为基本单位（即平面辖区的“块”），根据辖区内的监督管理对象情况，划分为若干个安全生产监管网格。以县级人民政府负有安全生产监督管理职责的部门为主线（即纵向监管的“条”），厘清网格内每个监督管理对象对应的负有安全生产监督管理职责的部门。

（3）合理匹配监管任务与监管力量。经济规模大或生产经营单位多的乡镇（街道）、村（社区），可划分为多个网格；工业、商贸聚集区域也可划分为独立网格；对于规模大、规格高、安全风险高或与基层监管力量不匹配的生产经营单位，可由县级以上负有安全生产监督管理职责的部门直接监管，不纳入基层安全生产网格化监管的范围。根据工作实际，为相应网格配备专职或兼职网格员，确保每个网格都有对应的网格员。根据网格内生产经营单位的性质、生产过程中的危险性，以及生产经营规模、重要程度、监管重点等情况，可适度调整网格员的分布，使网格员的配备与当地安全生产监管任务相适应。

第三节 安全生产网格化管理要求

为了确保基层安全生产网格化监管工作落到实处，国务院安委会办公室提出以下六项管理要求：

（1）加强组织领导。各地区安委会要加强对基层安全生产网格化监管工作的组织领导，主要负责人要坚持亲自抓，分管领导具体抓，负有安全生产监督管理职责的部门共同抓，形成层层抓落实的工作格局。要坚持因地制宜的原则，对于已开展此项工作的地区，可在原方案的基础上，根据本指导意见有关要求，进一步健全完善相关制度措施，逐步实现基层安全生产网格化监管工作全覆盖，不断推动基层安全生产网格化监管工作的规范化、长效化。尚未开展此项工作的地区，要根据本指导意见，抓紧制定具体实施方案，加快实施步伐并认真落实。

（2）加强待遇保障。各地区要结合本地经济发展水平和对网格员的职责要求，合理确定网格员待遇，配备必需的防护用品，实现“责、权、利”相统一，确保其待遇水平和防护水平与工作任务及危险性相适应。完善网格员信息采集上报“以奖代补”奖励机制，充分调动网格员信息采集的积极性。

（3）抓好业务培训。各地区要按照“先培训后上岗”的原则，由牵头部门做好网格员集中培训工作，使网格员会检查、会记录、会报告。同时，配合部门要将网格员培训纳入年度培训计划，定期组织培训，持续提高网格员发现问题的能力。创新培训手段，通过安全生产执法现场观摩、以会代训、技能比武等多种方式，进一步提升网格员的业务素质。加强网格员保密教育，防止向外界泄露所负责网格内的重要数据信息或企业的商业秘密、技术秘密等。

（4）建立常态化运行和考核机制。牵头部门要研究制定网格员日常巡查、信息报告等网格运行配套管理制度，建立健全监督管理对象动态监管档案，实现全过程留痕。建立健全基层安全生产网格化监管工作考核机制，鼓励将考核情况与网格员待遇挂钩，充分调动网格员工作积极性。

（5）突出信息化建设。牵头部门要充分利用信息化技术，搭建或融入既有网格化监管工作信息平台，推动安全生产信息采集录入和动态更新、事件派送交办、现场处置、结果反馈、治理复查等事项的信息化管理。强化信息前端采集工作管理，实现问题早发现、信息早报告、隐患早治理、复查早提醒。建立健全信息安全保障体系，实行信息使用分级管理与授权准入，确保信息安全。

（6）强化典型引路。各地区要立足自身实际，坚持试点先行、循序渐进、注重实效。要不断总结推广试点地区的创新举措和鲜活经验，以点带面，指导推动工作全面开展，实现顶层设计与基层实践的有机结合。国务院安委会办公室将适时选取一批典型做法，在全国范围内进行经验推广。

（7）推动社会参与。充分发挥第三方安全生产专业技术服务机构在参与支持安全生产网格建设、安全风险评估以及协助指导生产经营单位安全隐患整改等工作中的作用。健全并保障安全隐患、非法违法行为以及事故的举报渠道畅通，对举报有功人员及时兑现奖励，充分调动广大群众监督举报的积极性，推进安全生产专群结合、群防群治、齐抓共管。

第四节 基层安全管理制度规范

基层安全管理制度主要包括以下内容，基层还可以结合实际，根据相关法律法规进行补充和完善。

1、安全责任制度

安全责任制度应明确：基层主要领导干部、管理人员及网格员的安全责任、权利和义务等内容。

安全责任制度的核心是清晰安全管理的责任界面，解决“谁来管，管什么，怎么管，承担什么责任”的问题，安全责任制度是基层安全工作的基础。

建立安全责任制度，应体现安全工作法律法规和政策、方针的要求；应做到与岗位工作性质、管理职责协调一致，做到明确、具体、有可操作性。

2、安全会议制度

安全会议制度应明确：会议类型、会议召开时间、会议形式，以及会议落实等内容。

建立安全会议制度，主要是为了及时了解和掌握基层各时期的安全情况，协调和处理基层存在的安全问题，消除事故隐患，确保生命和财产安全。

3、安全教育培训制度

安全教育培训制度应明确：基层主要领导干部培训、网格员，以及各项培训的对象、内容、时间及考核标准等。

4、安全生产巡查制度

安全生产巡查制度应明确：巡查设备、设施、场所的名称，巡查周期、巡查人员、巡查标准，以及巡查过程中发现的问题的处理程序、跟踪管理等。

5、应急管理制度

应急管理制度应明确：基层的应急管理组织，预案的制定、发布、演练、修订和培训等，还应明确突发事件发生后应急处置程序等。

制定应急管理制度及应急预案过程中，除考虑基层自身可能对环境和公众的影响外，还应重点考虑基层周边环境的特点。

第五节 基层安全工作会议规范

基层安全工作会议指依据基层相关人员安全职责要求，基层要定期召开安全工作会议，及时了解和掌握各时期的安全形势，协调和处理存在的安全问题，消除安全事故隐患，总结部署安全工作。

1、基层安全工作会议的具体类型

（1）例行会议。例行会议可简称为例会，例行会议一般由安全工作基层领导机构组织召开，领导小组全休成员、网格员及其他相关人员参加。周期为季度，具体的日期和时间酌情而定。凡是涉及安全工作的问题都可以在例行会议上安排、处理。

（2）临时会议。临时会议也可以称之为专题会议，是指在例行会议的时间以外，为处理某一项或几项安全问题而临时召开的会议。临时会议一般处理在例行会议之间发生的重要而紧急的问题，在等不及下次例会处理的情况下召开，如“汛期安全专题会议”“消防安全专题会议”“用电安全专题会议”“粉尘防爆安全专题会议”等。临时会议一般由基层负责人或其他分管安全工作的领导干部召开，相关人员参加。

（3）年度会议。年度会议上除处理“例行会议”要处理的问题外，主要是针对年度安全工作总结、下年度安全工作部署等。年度会议一般由基层安全工作领导小组组织召开，领导小组全体成员、网格员及其他相关人员参加。

（4）其他会议。其他会议主要是指在召开其他会议时，应将安全工作作为一项会议议题纳入其中，将安全工作融入到基层整体工作计划中，做到整体协调统筹。

2、基层安全工作会议流程

（1）会前准备。在开会之前，首先应做到四个“确定”：确定此次会议的目的；二是确定与会人员；三是确定会议主持人；四是确定会议内容。

都确定好后，应做好资料准备，会议要讨论研究解决的问题应列出。然后通知与会人员，将会议主要内容、时间、地点、时长交代清楚，并下发会议资料。

（2）会议召开。召开会议时应做到三个“控制”：

①控制好会议气氛，鼓励每一个与会人员积极参与讨论，发起互动反馈，不可让某一人控制会议，并协调与会人员的关系，避免冲突。

②控制好会议主题，应做到突出会议主题，不要让某一人控制会议或发起与会议主题无关的话题，时刻关注议题的变化并及时调整。

③控制好会议时间。如果与会人员已经就某一议题达成一致，应立即结束该议题，展开新的议题。当全部议题均已确认无误后，立即结束会议。而且，应以行动计划来完成会议并明确相关人员任务分工。

会议进行的同时，必须有专人进行会议记录。

（3）会后跟踪。会后首先应让与会人员在会议签到表上签名，确认实际参与人数。然后针对重要会议撰写会议纪要，并下发至相关人员处。按照会议上任务分工，落实行动计划，确定完成期限，跟进落实情况，并及时通报计划进度。

此外，对未经允许擅自不参加或迟到、早退的人员，由会议召集人按照相关管理规定对其进行处罚。

3、基层安全工作会议内容

基层安全工作会议内容主要包括安全工作总结和部署、安全隐患汇报和分析、新的安全政策学习和研究、安全事故汇报和警示教训分析、安全分享。

①安全工作总结和部署。总结上一阶段安全工作总体形势，并对工作结果进行分析研究，以得出好的经验教训，并针对即将出现的新的安全形势，缜密部署接下来的安全工作计划及任务，并将责任落实到人。

②安全隐患汇报和分析。由网格员及相关人员汇报安全生产巡查过程中发现的安全隐患，包括已整改和正在整改中的安全隐患，以了解和掌握当前安全形势。并针对已发现的安全隐患现状予以分析，总结出共性和个性问题，分别拟定应对措施。

③新的安全政策学习和研究。包括新的相关法律、法规、标准、规范、政策性文件、会议精神等。

④安全事故汇报和警示教训分析。就近期辖区内发生的安全事故或其他地区发生的影响较严重的安全事故进行汇报和分析，简述事故经过，了解事故发生原因，从中得出警示教训，提高安全意识与防范措施。

⑤安全分享。安全分享是将本人亲身经历或看到、听到的有关安全方面的经验做法或事故、事件、不安全行为、不安全状态等教训总结出来，通过介绍和讲解分享给他人，引以为戒。

第六节 基层安全事故信息报告规范

基层有责任向上级安全生产监督管理部门报告安全事故信息，安全事故信息报告应当及时、准确并完整。如基层发现其所在区域内的生产经营单位存在事故隐患或者安全生产违法行为时，应当向当地人民政府或者有关部门报告。

1、基层安全事故信息类型

（1）事故隐患信息。事故隐患是指场所、设备及设施的不安全状态，人的不安全行为和管理上的缺陷等。

（2）安全事故信息。安全事故是指已经发生的安全事故，包括生产安全事故、交通事故、社会治安事故等。

（3）涉险事故信息。涉险事故指生产经营活动中发生的危及人员、环境、设备设施、重要场所等安全的故障、险情。

2、基层安全事故信息报告内容

（1）事故发生单位的名称、地址、性质、产能等基本情况。

（2）事故发生的时间、地点以及事故现场情况。

（3）事故的简要经过（包括应急救援情况）。

（4）事故已经造成或者可能造成的伤亡人数（包括下落不明、涉险的人数）。

（5）已经采取的措施。

（6）其他应当报告的情况。

使用电话快报时，应当包括下列内容：

（1）事故发生单位的名称、地址、性质。

（2）事故发生的时间、地点。

（3）事故已经造成或者可能造成的伤亡人数（包括下落不明、涉险的人数）。

3、基层安全事故信息报告方式

基层安全事故信息报告一般采取电话、传真、网络、专送等方式上报。在通过传真将纸质文本发至相关部门的同时，还应发送电子文本。因情况紧急以电话方式报告的，要及时补报文字材料。

4、基层安全事故信息报告要求

（1）报告要素。基层安全事故信息报告的内容要求简明、客观、准确，应包括以下要素：事发时间、地点、信息来源、事故起因和性质、类别、事故发生基本过程、已造成的后果（伤亡人数，包括下落不明的人数和初步估计的直接经济损失）、影响范围、已经采取的处置措施及救援情况、领导到场情况、请求上级及有关部门和单位支持援助的事项等。在报告中，应注明报告单位、报告签发人、具体联系人以及联系方式等。

（2）向上级相关部门报告的同时，将情况及时通报相关部门和可能受事故影响的地区。

（3）在应急处置过程中，要及时续报事态进展和应急处置情况，直至事故处置完毕。信息续报实行日报告制度，紧急信息随时续报。

第七节 基层安全管理台账及表单

基层安全管理台账是反映基层安全管理整体情况的资料记录。基层安全管理台账不仅可以反映基层安全实际情况和安全管理的实绩，还可以为解决基层安全管理中存在的问题、强化基层安全管理控制、完善基层安全管理制度提供重要依据，是规范基层安全管理、夯实基层安全基础的重要手段。

基层安全管理台账主要包含十个方面内容，基层安全基本概况及辖区内生产经营单位概况、基层安全组织架构图、基层相关人员安全职责、基层安全管理目标及计划、政府发文的安全工作文件登记、基层本级下发的安全工作文件登记、基层安全管理制度、基层安全会议记录、基层安全培训记录、基层安全生产巡查记录。

（1）基层安全基本概况及辖区内生产经营单位概况。主要是指基层本身的安全现状及形势介绍，辖区内生产经营单位的数量、名称、地址、类型统计，辖区内生产经营单位基本情况等信息汇总。示例表 3–1。

（2）基层安全组织架构图。架构图即将基层安全管理体系以图表的形式表示。

（3）基层相关人员安全职责。相关人员安全职责指基层所有安全自治管理相关人员的安全职责。示例表 3–2。

（4）基层安全管理目标及计划。即指将基层的安全管理目标及计划（一般以年度为单位）以文件形式留存备案。

（5）政府发文的安全工作文件登记。将国家、省、市、乡镇（街道）等政府部门下发的安全工作文件登记在册。示例表 3–3。

（6）基层本级下发的安全工作文件登记。示例表 3–4。

（7）基层安全管理制度。将本章第四节所提及的安全管理制度以文件形式留存。

（8）基层安全会议记录。依照本章第五节内容，按时召开安全会议，并做会议记录。示例表 3–5、表 3–6。

（9）基层安全教育培训记录。按照安全培训制度要求，定时开展安全培训并做好记录。示例表 3–7、表 3–8。

（10）基层安全生产巡查记录。按照安全生产巡查规范，定时进行安全生产巡查，并做好记录。示例表 3–9、表 3–10。

表 3-1 基层辖区内生产经营单位概况统计表

序号	责任单位	地址	主要负责人	联系电话	类型

表 3-2 基层相关人员安全职责

序号	姓名	性别	职务	联系电话	安全职责	备注

表 3-3 政府发文的安全工作文件登记

序号	来文编号	来文单位	来文标题	来文日期	贯彻情况

表 3-4 基层本级下发的安全工作文件登记

序号	发文编号	发文标题	发文对象	发文日期

表 3-5 基层安全会议记录

会议主题			
会议时间		会议地点	
主持人		记录人	
参会对象			
会议内容：			

表 3-6 基层安全会议签到表

会议主题			
会议时间		会议地点	
姓名	姓名	姓名	姓名

表 3-7 基层安全教育培训记录

安全教育培训主题			
培训时间		培训地点	
主讲人		记录人	
培训对象			
安全教育培训内容:			

表 3-8 基层安全教育培训签到表

安全教育培训主题			
培训时间		培训地点	
姓名	姓名	姓名	姓名

表 3-9 基层年度安全生产巡查记录表

序号	巡查人	巡查时间	巡察对象	巡查内容	巡查结果

表 3-10 基层安全生产巡查表

<table>
<tr><td colspan="2">巡查人</td><td></td><td></td><td></td></tr>
<tr><td colspan="2">工作证编号</td><td></td><td></td><td></td></tr>
<tr><td colspan="2">被查单位名称</td><td></td><td>地址</td><td></td></tr>
<tr><td colspan="2">主要负责人</td><td></td><td>联系电话</td><td></td></tr>
<tr><td>巡查内容</td><td colspan="4">1. 锁闭，封堵或占用疏散安全出口 □
2. 安全出口标志不清楚或数量不足 □
3. 应急照明设施数量不足或损坏 □
4. 存在“三合一”或“二合一”现象 □
5. 违章搭建木阁楼 □
6. 消防水源不足 □
7. 消防器材不足 □
9. 特种设备没有年检或维修保养 □
8. 电线乱拉接或老化、电气设备老化 □
10. 违规使用或存放过量瓶装煤气 □
11. 没有独立煤气储存间或防护设施不足 □
12. 厨房油厚或煤气管老化 □
13. 电、气焊等违章作业 □
14. 其他问题 □</td></tr>
<tr><td>整改意见</td><td colspan="4"></td></tr>
<tr><td>签字栏</td><td colspan="2">安全生产巡查员（签字）

年　月　日　时</td><td colspan="2">被检查单位主要负责人（签字）
联系电话：

年　月　日　时</td></tr>
</table>

第四章 安全生产网格管理员工作规范

第一节 安全生产网格管理员工作职责

网格员主要履行信息员、宣传员的工作任务：根据《网格手册》要求，重点面向基层企业、“三小”场所（小商铺、小作坊、小娱乐场所）、家庭户等查看非法生产情况并及时报告；协助配合有关部门做好安全检查和执法工作；向监督管理对象送达最新的文件资料；面向监督管理对象和社会公众积极宣传安全生产法律法规和安全生产知识等。网格员具体工作职责如下：

（1）网格员对所负责网格进行日常现场巡查，排查问题隐患，并做好基本信息登记。巡查中发现的服务管理问题，能自行处置的，应当及时处置；不能自行处置的，应当通过拍照或者摄像等方式，将相关信息予以立案报社区居委会（村委会），社区居委会自身不能解决的应上报。

（2）对于需要给予行政处罚的案件，网格员通过网格化服务管理信息系统传送的照片、录像等信息经相关行政管理部门核实后，可以作为行政处罚的证据。

（3）网格员收到案件处置结果后，应当进行现场核查。案件处置结果符合处置要求的，向分派案件的网格化服务中心建议结案；不符合处置要求的，向分派案件的网格化服务中心建议监督该案件重新处置。

（4）网格员应当及时将案件的巡查、立案、分派、处置、核查、结案、督办等信息如实录入网格化服务管理信息系统，不得擅自修改、删除和泄露。

（5）网格员应密切联系居民群众，收集社情民意，反映居民群众诉求，根据群众需求为群众提供力所能及的便民服务。

（6）网格员的其他工作任务，各地区可结合实际根据工作需要确定。

第二节　安全生产网格管理员检查流程

1、检查准备

（1）准备检查文书。准备检查文书，文书类型要齐全，纸张、字迹要完好，按要求加盖公章。

（2）准备必要工具。如照相机、尺子、可能用到的检测仪器等，并保证设备性能完好。

（3）准备检查表格。要根据检查的行业，选择合适的检查表格。

（4）设定检查路线。要提前确定检查的单位，并按照单位的地理位置设定好检查路线。

2、检查接洽

网格员要向被检查单位说明检查的目的、方式、内容、部位、程序等，告知被检查单位的权利义务和需要配合事项。

3、检查实施

结合被检查单位的实际情况，按照具体检查内容，对被检查单位的制度资料、设备设施、现场安全管理等方面进行检查，检查顺序适当尊重被检查单位意见。

4、注意事项

（1）现场指出问题，和陪检人员确认问题。

（2）清晰阐述问题，指导问题整改。

（3）随时记录问题，随时取证。

5、反馈意见

（1）意见反馈。网格员要对检查情况进行梳理汇总，向被检查单位进行反馈。

（2）听取意见。反馈意见后，要听取被检单位的有关陈述，确认检查情况。

6、处理意见

（1）对于未发现安全生产违法行为或隐患的处理。检查中，被检查单位安全生产条件和执行法律法规情况符合要求，网格员应填写检查记录，检查结束后归档备案。

（2）限期整改情况的处理。发现被检查单位有安全生产违法行为或者存在事故隐患，网格员应当告知生产经营单位整改，认真做好记录并及时报告上级安全监管机构。

7、检查结束

整理好携带物品及有关材料，归还被检查单位提供的检查辅助工具，离开被检查单位。另外，在检查结束后，要做好复查工作，即按期复查、对应复查、全面复查。

第三节 安全生产网格管理员检查方法和技巧

1、安全检查方法

网格员安全检查方法归结起来主要有“听、问、查、验、练”。在安全检查中很少采用某种单一的方法，大多是这些方法的综合运用，要视具体情况选取合适的方法。

（1）“听”。“听”主要是听取企业有关管理人员、作业人员等对安全生产情况的介绍。“听”时需要用心，即在听汇报，听对问题的回答时，首先要听清楚，并认真记录陈述的内容，特别是一些关键环节，还要求听懂，并进行周密地思考、理解，掌握信息的真实含义，而且还要将掌握的所有信息进行对比、筛选、处理和去伪存真，找出其中的矛盾或者不相符之处，与此同时，还要善于听取多方面的意见，以便进一步询问或者调查，以利分清是非。在“听”的过程中，还可以根据需要穿插一些巧妙的提问，做到“听”、“问”结合。

（2）“问”。询问是验证所获得的检查信息、查证现场所观察到的情况是否属实和了解政策、程序是否被贯彻执行的主要手段，询问能够将注意力集中在关键性问题上，并能针对该问题直接采取应对之策。询问分为有针对性询问和随机询问两种形式。一是有针对性询问。根据此次检查的主要内容进行有针对性的询问，比如检查企业安全生产主体责任的落实情况时，要询问企业管理人员签订安全生产责任书情况；检查企业特种作业人员持证情况时，询问特种作业人员的取证培训、取证时间等等。二是随机询问。对于一般性了解的问题可以随机询问。随机询问主要是由检查人对随机指定的相关人员就有关安全生产知识和安全生产状况进行询问，听他们反映安全生产管理中存在的问题，了解他们对有关安全知识和技能的熟练程度等。询问时，需要注意对问题细节的追问，因为一般性的或非具体的回答无助于识别核心问题或得到有意义的结论。

（3）“查”。“查”主要查看资料、记录、操作证、现场安全标志以及生产作业现场环境情况、各类设备设施的防护情况、作业人员防护用品的使用情况、作业人员是否有违章行为、关键仪表是否按时检验、运行记录是否规范完整等。在安全检查中，“查”是运用最多的方法，因为虽然可以靠询问等方法得到所需的信息，但是许多异常情况往往需要监督检查人员首先看到，然后再进一步调查。“查”也要掌握一些技巧。例如：有些企业为了应付检查，会在现场或者台账方面作假。比如，在现场的检查中我们会看到有的企业将机器设备用布遮起来，贴上封存或者闲置的标识，而这些设备有可能是安全装置不符合要求，为逃避监督检查而临时采取的“应急”措施，还有些单位将危险品仓库的门改装成工具室或者更衣室等，以躲避检查。鉴别需要掌握一些查看的技巧。比如，如果发现遮盖的布一尘不染，或者标签很新，就有可能是在用的设备，需要认真查看，或者，在一定时间内杀个回马枪。检查某项台账时，需要抽查一下相关的台账。

（4）“验”。验就是“检验”“试验”“测量”等，是安全检查中所采用的重要辅助手段，也是获取物证的直接方式。“检验”，首先需要抽样：在查处成批的嫌疑物品时，不可能将该批物品的每一件都拿去化验、鉴定，只需随机抽取其中极少部分进行检验，也就是从总体中随机抽取部分样品进行分析判断，以此了解总体情况，从而根据检验结果判别当事人的行为是否违法。“试验”，主要指对各种安全防护装置性能和灵敏度进行检查。如对桥式起重机大小车起升限制器进行起升碰撞试验，以确认其性能是否完好。“测量”，即利用测量工具进行测量，如：测量危险物品的堆垛间距等。

（5）“练”。所谓“练”，就是让被检查单位的人员对某项检查内容进行实地演练或者演示，以确定员工对该内容的掌握程度；也可以以此来检查某项规章制度或者预案的执行情况。比如，检查对灭火器的使用掌握情况时，让现场人员拿灭火器演示一下。

检查时，一般应综合运用各种方法。通过听取生产经营单位的工作汇报和情况介绍，询问其安全管理工作的开展情况，查阅安全管理档案资料，巡查操作人员的作业情况和现场安全设施情况，以及了解应急预案现场演练等情况，对该生产经营单位的安全生产管理工作进行全面检查了解。检查中还要配合使用各种仪器、工具，及时发现存在的问题和隐患。检查中无论使用何种方法，检查人员调查时的态度都应有理有节、严而不冷，既让对方感到对他的尊重，又让其了解调查的严肃性、必要性，使其主动配合、积极协助调查。这样，便可取得事半功倍的效果。

2、安全检查技巧

网格员在安全检查过程中应掌握以下检查技巧：

（1）要善于提问。结合现场实际情况，询问管理人员和作业人员有关安全生产方面的情况。提问过程中要自然、合理，而且有耐心，心态要平和，将有助于克服被询问人员的畏惧心理，提问时要尽量提开放式的问题，避免对方回答问题的封闭性。还应采用易于理解的语言与对方进行公开式的讨论，启发对方的思考和兴趣。

（2）注意倾听。网格员要认真听取被问者的回答，并作出适当的反应，保持眼神的接触，用适当的口头认可，如："是的，我明白了。"等来表示自己的理解，要注意观察对方的表情，当出现所答非所问时，要耐心地加以引导。

（3）仔细观察。网格员进入现场时，首先要对环境进行仔细观察，然后根据检查提纲或检查表的内容对有关设备、设施、机具、人的违章、现场安全标识、消防设施、安全通道等查找不符合的证据，发现不符合问题时要告知被检查单位的陪同人员。

（4）做好记录。为确保证据的真实，安全检查过程中，必须对发现的不符合项详细的做好记录，还可以采取录音或者照相等方式索取证据，记录要包括单位、部门、地点、时间、人、物等，事实描述要准确具体，易于查找，也为合理地判断和检查报告提供素材。

（5）善于追踪验证。网格员要善于比较，追踪不同来源获取的同一个问题的信息，从中判断单位安全生产法律、法规、各种规章制度贯彻落实的状况，追踪现状与制度的不符合情况，从中找出实质性的问题并作出结论。

第四节 安全生产网格管理员行为礼仪规范

1、基本行为规范

（1）网格员应当忠于法律，忠于职守，有强烈的工作责任心，实事求是，尊重行政管理相对人的权利，依法保守国家秘密、商业秘密和个人隐私。

（2）网格员应当自觉维护社会公德，执行公务着装整洁，仪表端庄，语言文明，在职责范围内履行安全检查义务。

（3）网格员应当表明身份，说明调查和检查的事项，依法收集证据，查清事实真相。

（4）网格员在安全检查时，一定要注意及时与上级安监部门相关人员沟通，根据县级安监部门的指示行使检查职能。对于检查中发现有关安全生产的违法行为，要及时将检查材料等报给上级安监局，由上级安监局执法人员行使处罚职能。

（5）网格员应当不得拒绝、推诿和拖延行政管理相对人的合法要求，不得越权干预他人行政执法活动，不得截留、私分或者变相私分罚款和没收的违法所得或者非法财物，不得以行政处罚代替刑事处罚。

（6）网格员应当清正廉洁，不谋私利，不得索取或变相索取行政管理相对人的财物及利用职权刁难、报复、吃、拿、卡、要等，不得收受行政管理相对人的贿赂，不得接受与安全检查工作相关的吃请；严格约束各种职务外活动，杜绝与社会公德相违背的、可能影响公正履行职责的行为。

（7）网格员应当自觉接受权力机关的监督、行政监督、舆论监督和其他社会监督。

2、礼仪规范

（1）网格员应当以平等的姿态与被检查单位人员交谈，当对方陈述解释时，应当耐心认真倾听。

（2）网格员对被检查单位的积极配合行为，应当表示口头感谢。

（3）网格员在向被检查单位表明身份，说明来意，告知检查内容和范围、以及需要对方提供的有关资料和配合检查的要求时，应当做到语言文明、语速适当。

（4）网格员在检查过程中，依法对被检查单位采取现场处理措施时，应当做到语言精练、口齿清楚。

（5）网格员在现场检查结束后，要向被检查单位反馈检查情况。

第五章

安全隐患排查要点

第一节　生产安全隐患排查要点

生产安全隐患排查主要是针对企业安全生产管理机构及人员、安全生产责任制、安全生产管理制度、安全操作规程、教育培训、安全生产管理档案、安全生产投入、应急救援、相关方基础管理等方面存在的缺陷。生产安全隐患排查要点如下：

1、安全生产管理机构及人员类隐患

《安全生产法》第二十一条规定：“矿山、金属冶炼、建筑施工、道路运输单位和危险物品的生产、经营、储存单位，应当设置安全生产管理机构或者配备专职安全生产管理人员。

前款规定以外的其他生产经营单位，从业人员超过一百人的，应当设置安全生产管理机构或者配备专职安全生产管理人员；从业人员在一百人以下的，应当配备专职或者兼职的安全生产管理人员。”

安全生产管理机构及人员类隐患主要是指生产经营单位未根据自身生产经营的特点，依据相关法律法规或标准要求，设置安全生产管理机构或者配备专（兼）职安全生产管理人员。如危险物品的生产、经营、储存单位，未设置安全生产管理机构，或仅配备兼职安全生产管理人员。

2、安全生产责任制类隐患

《安全生产法》第十九条规定：“生产经营单位的安全生产责任制应当明确各岗位的责任人员、责任范围和考核标准等内容。

生产经营单位应当建立相应的机制，加强对安全生产责任制落实情况的监督考核，保证安全生产责任制的落实。”

根据生产经营单位的规模，安全生产责任制涵盖单位主要负责人、安全生产负责人、安全生产管理人员、车间主任、班组长、从业人员等层级的安全生产职责。未建立安全生

产责任制或责任制建立不完善的，属于此类隐患。

3、安全生产管理制度类隐患

安全生产管理制度是企业规章制度的重要组成部分，是保证生产经营单位生产经营活动安全、顺利进行的重要制度保证。生产经营单位应当依据法律、法规、规章以及国家、行业或地方标准，制定涵盖本单位生产经营活动全范围、全过程的安全生产管理制度。主要包括：

（1）安全生产例会制度。

（2）安全生产教育和培训制度。

（3）安全生产检查制度。

（4）事故隐患排查治理制度。

（5）较大危险因素生产经营场所、设备设施的安全管理制度。

（6）危险作业管理制度。

（7）特种作业人员管理制度。

（8）劳动防护用品配备和使用管理制度。

（9）安全生产奖惩制度。

（10）生产安全事故报告和调查处理制度。

（11）安全生产资金投入及安全生产费用提取、管理和使用制度。

（12）建设项目安全设施和职业病防护设施“三同时”管理制度。

（13）作业场所职业卫生管理制度。

（14）危险物品和重大危险源检测、监控、管理制度。

（15）应急预案管理和演练制度。

（16）安全生产档案管理制度。

（17）其他安全生产管理制度。

生产经营单位缺少某类安全生产管理制度或是某类制度制定不完善不符合生产经营单位自身生产实际情况，则为安全生产管理制度类隐患。

4、安全操作规程类隐患

安全操作规程是员工操作机器设备、调整仪器仪表和其他作业过程中，必须遵守的程序和注意事项。操作规程规定了操作过程应该做什么，不该做什么，设施或者环境应该处于什么状态，是员工安全操作的行为规范。

生产经营单位缺少岗位操作规程或是岗位操作规程制定不完善的，则为安全操作规程类隐患。

5、教育培训类隐患

生产经营单位教育培训包括对单位主要负责人、安全管理人员、从业人员以及特种作业人员的教育培训，生产经营单位应根据相关法律法规，满足培训时间、培训内容的要求。生产经营单位未开展安全生产宣传教育或是培训时间、培训内容不达标的，则为教育培训类隐患。

6、安全生产管理档案类隐患

安全生产记录档案主要包括：教育培训记录档案、安全检查记录档案、危险场所/设备设施安全管理记录档案；危险作业管理记录档案（如动火证审批）、劳动防护用品配备和管理记录档案、安全生产奖惩记录档案、安全生产会议记录档案、事故管理记录档案、变配电室值班记录、检查及巡查记录、职业危害申报档案、职业危害因素检测与评价档案、安全费用台账等。

生产经营单位未建立安全生产管理档案或档案建立不完善的，属于安全生产管理档案类隐患。

7、安全生产投入类隐患

生产经营单位应结合本单位实际情况，建立安全生产资金保障制度，安全生产资金投入（或称安全费用），应当专项用于下列安全生产事项：安全技术措施工程建设；安全设备、设施的更新和维护；安全生产宣传、教育和培训；劳动防护用品配备；其他保障安全生产的事项。

生产经营单位在安全生产投入方面存在的问题和缺陷，则为安全生产投入类隐患。

8、应急管理类隐患

应急管理主要包括应急机构和队伍、应急预案和演练、应急设施设备及物资、事故救援等方面的内容。

（1）应急机构和队伍方面的内容应包括：制定应急管理制度，按要求和标准建立应急救援队伍，未建立专职救援队伍的要与邻近相关专业专职应急救援队伍签订救援协议、建立救援协作关系，规范开展救援队伍训练和演练。

（2）应急预案和演练方面的内容应包括：按规定编制安全生产应急预案，重点作业岗位有应急处置方案或措施，并按规定报当地主管部门备案、通报相关应急协作单位，定期与不定期相结合组织开展应急演练，演练后进行评估总结，根据评估总结对应急预案等工作进行改进。

（3）应急设施装备和物资方面的内容应包括：按相关规定和要求建设应急设施、配备应急装备、储备应急物资，并进行经常性检查、维护保养，确保其完好可靠。

（4）事故救援方面的内容应包括：事故发生后，立即启动相应应急预案，积极开展救援工作；事故救援结束后进行分析总结，编制救援报告，并对应急工作进行改进。

生产经营单位在以上应急救援方面存在的问题和缺陷，称为应急救援类隐患。

9、相关方基础管理类隐患

相关方是指本单位将生产经营项目、场所、设备发包或者出租给的其他生产经营单位。

生产经营单位将生产经营项目、场所、设备发包或者出租给不具备安全生产条件或者相应资质的单位或者个人。

生产经营项目、场所发包或者出租给其他单位的，生产经营单位未与承包单位、承租单位签订专门的安全生产管理协议，或者未在承包合同、租赁合同中约定各自的安全生产管理职责，属于相关方基础管理类隐患。

第二节　消防安全隐患排查要点

基层应该提高检查消除火灾隐患能力，做到“消防安全自查、火灾隐患自除”。要确定消防安全管理人，具体负责本单位的消防安全管理；定期开展防火检查巡查，落实员工岗位消防责任；对检查发现的火灾隐患要立即消除，不能立即消除的，要制定整改方案，明确整改措施。

此外，基层还要提高组织扑救初起火灾能力，做到“火情发现早、小火灭得了”；提高组织人员疏散逃生能力，做到“能火场逃生自救、会引导人员疏散”；提高消防宣传教育培训能力，做到“消防设施标识化、消防常识普及化”。消防设施器材要设置规范、醒目的标识，用文字或图例标明操作使用方法；重点部位、重要场所和疏散通道、安全出口要设置“提示”和“禁止”类消防标语。

1、消防安全隐患排查重点场所

（1）商场（市场）、宾馆（饭店）、体育场（馆）、会堂、公共娱乐场所等公众聚集场所。

（2）医院、养老院和寄宿制的学校、托儿所、幼儿园。

（3）公共图书馆、展览馆、博物馆、档案馆以及具有火灾危险性的文物保护单位。

（4）易燃易爆化学物品的储存、供应、销售单位：生产易燃易爆化学物品的工厂；易燃易爆气体和液体的灌装站、调压站；储存易燃易爆化学物品的专用仓库（堆场、储罐场所）；营业性汽车加油站、加气站，液化石油气供应站（换瓶站）；经营易燃易爆化学物品的化工商店。

（5）劳动密集型生产、加工企业：生产车间员工在100人以上的服装、鞋帽、玩具等劳动密集型企业。

（6）高层公共建筑、地下铁道、地下观光隧道，粮、棉、木材、百货等物资仓库和堆场，重点工程的施工现场。

2、消防安全隐患排查要点

基层消防安全隐患排查要点包括以下六类：

（1）是否落实消防安全责任制，制定本单位的消防安全制度、消防安全操作规程，制定灭火和应急疏散预案。

（2）是否按照国家标准、行业标准配置消防设施、器材，设置消防安全标志，并定期组织检验、维修，确保完好有效。

（3）是否对建筑消防设施每年至少进行一次全面检测，确保完好有效，检测记录是否完整准确，存档备查。

（4）疏散通道、安全出口、消防车通道是否畅通，防火防烟分区、防火间距是否符合消防技术标准。

（5）是否定期组织防火检查，及时消除火灾隐患，是否有保存防火检查记录表。

（6）是否组织有针对性的消防演练并有保存完整的演练过程记录与演练评估记录。

第三节 用电安全隐患排查要点

电流对人体会造成多种伤害，如伤害心脏、呼吸和神经系统，使人体内部组织破坏，乃至最后死亡。从大量的触电事故分析及生产实践经验中总结出触电事故多是由于电气设备设计、制造和安装不合理、违章作业、运行维护不良和安全意识不强造成。从以上触电原因分析中可以看出，绝大多数触电事故是可以通过用电安全隐患排查治理工作避免的。用电安全隐患排查要点如下：

1、高压变配电室隐患排查要点

（1）高压配电室电工是否持证上岗。

（2）电工操作资格证是否在有效期内。

（3）高压变配电室出入口的设置个数是否符合规范要求。

（4）是否在高压变配电室的出入口设置高度不低于 400 mm 的挡板。

（5）是否配备满足工作要求的合格安全工器具。

（6）安全工器具使用前是否进行试验有效期的核查及外观检查。

（7）是否妥善保管安全工器具。

（8）安全工器具是否统一分类编号，定置存放并做登记。

（9）高压配电室是否具有应急照明灯具，应急照明灯具是否完好，持续照明时间满足不低于 30 min 的要求。

（10）高压配电室是具有疏散指示标志灯，设置是否符合规范要求。

（11）室内有无堆放与设备运行无关的杂物及个人物品。

（12）有无张贴或悬挂与设备运行无关的标识或物品、设备设施上有无码放与设备运行无关的物品。

（13）室内、电缆沟内有无积水、设备区内所有管孔空隙是否封堵。

2、用电场所隐患排查要点

（1）电工是否持证上岗。

（2）电工操作资格证是否在有效期内。

（3）是否配备满足工作要求的合格安全工器具。

（4）安全工器具使用前是否进行试验有效期的核查及外观检查。

（5）是否妥善保管安全工器具。

（6）安全工器具是否统一分类编号，定置存放并做登记。

（7）触电危险性大或作业环境较差的场所是否安装封闭式配电箱、柜。

（8）配电箱、柜是否有编号、安全警示标志、是否无杂物无积尘。

（9）配电箱、柜内是否张贴电气控制线图，开关上是否有分路标志。

（10）配电箱、柜运四周有无堆放杂物和易燃易爆物品及腐蚀性物品。

（11）配电箱、柜有无张贴内容与设备运行无关的纸张，箱门和柜门有无悬挂与设备运行无关的物品。

（12）配电箱、柜前是否留有足够的安全工作空间和通道。

（13）配电箱、柜是否配有漏电保护器，漏电保护是否齐全、灵敏可靠；漏电保护装置是否定期自检并有记录。

（14）配电箱、柜安装在公共场所，是否存在非管理人员打开箱门和柜门的可能。

（15）有无电线私拉乱接，绝缘破损的现象。

（16）有无未套保护管，人员密集和生产加工等场所及建筑物吊顶内有无使用塑料管布线。

（17）易燃易爆场所开关、灯具和线路是否满足防爆要求。

（18）有无导线直接插入插座内使用，导线接头明露，未加保护盒的情况。

（19）有无乱拉乱接活动插板，有无多个插板串接使用。

第四节 燃气安全隐患排查要点

燃气是指可以作为燃料的气体，即气体燃料。城镇燃气是指从城市、乡镇或居民点的地区性气源点，通过输配系统供给各类用户使用且符合一定质量要求的气体燃料。燃气通常为多组分的混合物，具有易燃、易爆的特性。一旦使用不当，引起的火灾和爆炸事故，对人民群众的生命财产会造成重大损失。

燃气安全隐患排查可以避免燃气泄漏导致的火灾爆炸事故，燃气安全隐患排查要点主要包括：

1、液化石油气安全隐患排查要点

（1）所使用的钢瓶是否有电子标签、是否过期或作废。

（2）钢瓶的放置点是否靠近热源和明火。

（3）是否将钢瓶直立放置。

（4）空瓶与实瓶是否分开放置，且有明显的区分标志。

（5）使用和备用钢瓶是否分开放置。

（6）是否用温度超过 40℃的热源加热、热水浸泡液化石油气钢瓶。

（7）使用液化石油气气瓶总重超过 100 kg 的餐饮场所，是否设置独立的气瓶间，气瓶间是否设置在地下或半地下室内。

（8）气瓶间是否设有明显的安全警示标志。

（9）气瓶间是否设置固定式可燃气体浓度报警装置，报警装置是否灵敏有效。

（10）气瓶间是否配置数量足够的灭火器，是否有堆放易燃、易爆物品。

（11）气瓶间的电气设备是否使用防爆型。

（12）是否将气瓶倾倒放置或使用。

（13）气瓶间是否有强制通风，是否将可燃气体浓度报警装置与通风设施联锁。

（14）是否在气瓶间供气系统的总输气管的出口设置紧急切断阀。

（15）气瓶间内不得有暖气沟、地漏及其地下构筑物。

（16）安放用气设备的房间是否堆放易燃、易爆物品。

（17）钢瓶与单台灶具之间连接时，灶具与钢瓶之间的净距离是否小于 0.5 m。

（18）燃气软管是否出现老化、腐蚀等问题，使用的燃气软管是否有穿越墙壁、窗户和门的现象。

（19）集烟罩和烟道入口处是否每日进行清洗。

（20）灶台照明是否使用防潮灯，灶台附近是否配备灭火毯和消防器材。

（21）商业用户厨房中的燃具上方是否设排气扇或排气罩。

（22）营业区域设在地下的餐饮经营单位，疏散通道长度超过 40 m 或超过 20 m 且无自然通风的，是否安装有机械排烟设施。

（23）使用天然气、液化石油气的场所，是否安装浓度检测报警装置。

2、管道天然气安全隐患排查要点

（1）使用管道燃气的单位是否建立内部消防安全及预警机制，是否有专人负责安全管理。

（2）是否包裹燃气管道和设备，有燃气管道和用气设备的房间是否有人居住。

（3）是否将管道气与罐装液化气或煤炉同时置于一室内使用。

（4）是否定期对管道的各个接口、胶管的两端接口处、阀门处进行检漏。

（5）户内管道与燃气灶具连接的胶管老化，胶管过长，胶管应使用燃气专用胶管。

（6）有燃气管道经过或安装有燃气用具、设施的房间是否住人或者堆放易燃易爆物品及使用其他燃料的火源。

（7）是否在各用气操作间安装可燃气体泄漏报警器以保证燃气泄漏时及时发现。

（8）改变房间原用途或结构、不规范安装燃气管道或者燃具。包括，燃气管道、计量表具、燃气具等燃气设施安装在卧室、卫生间；无独立卧室，厨卧相通。

（9）燃气管道或燃气具暗封在管道井、吊井、管沟、装饰层等位置，通风不良或妨碍维修维护。

（10）进出建筑物的燃气管道的进出口处，室外屋面管、立管、放散管、引入管和燃气设备等处是否有防雷、防静电接地设施。

第五节 有限空间安全隐患排查要点

有限空间（一说受限空间）是指封闭或者部分封闭，与外界相对隔离，出入口较为狭窄，作业人员不能长时间在内工作，自然通风不良，易造成有毒有害、易燃易爆物质积聚或者氧含量不足的空间。

根据作业环境，各类有限空间存在的主要危险有害因素见表 5-1。

表 5-1 各类有限空间存在的主要危险有害因素

有限空间种类	有限空间名称	主要危险有害因素
地下有限空间	地下室、地下仓库、隧道、地窖	缺氧
	地下工程、地下管、暗沟、涵洞、废井、污水池（井）、沼气池、化粪池、下水道	缺氧，硫化氢（H_2S）中毒，可燃性气体爆炸
	矿井	缺氧，一氧化碳（CO）中毒，易燃易爆物质（可燃性气体、爆炸性粉尘）爆炸
地上有限空间	储藏室、温室、冷库	缺氧
	酒糟池、发酵池	缺氧，硫化氢（H_2S）中毒，可燃性气体爆炸
	垃圾站	缺氧，硫化氢（H_2S）中毒，可燃性气体爆炸
	粮仓	缺氧，磷化氢（PH_3）中毒，粉尘爆炸，
	料仓	缺氧，粉尘爆炸
密闭设备	船舱、贮罐、车载槽罐、反应塔（釜）压力容器	缺氧，一氧化碳（CO）中毒，挥发性有机溶剂中毒，爆炸
	冷藏箱、管道	缺氧
	烟道、锅炉	缺氧，一氧化碳（CO）中毒

有限空间作业是指作业人员进入有限空间实施的作业活动。在污水井、排水管道、集水井、电缆井、热力井、燃气井、自来水井、有线电视及通信井、地窖、沼气池、化粪池、酒糟池、发酵池等可能存在中毒、窒息、爆炸的有限空间内从事施工或者维修、排障、保养、清理等的作业均为有限空间作业。

有限空间隐患排查和管理重点主要包括：

（1）生产单位应当对从事有限空间作业的现场负责人、监护人员、作业人员、应急救援人员进行专项安全培训。

（2）生产单位应当对本企业的有限空间进行辨识，确定有限空间的数量、位置以及危险有害因素等基本情况。

（3）在实施有限空间作业前，应当对作业环境进行评估，分析存在的危险有害因素，提出消除、控制危害的措施，制定有限空间作业方案，并经本企业安全生产管理人员审核，负责人批准。

（4）应当采取可靠的隔断（隔离）措施，将可能危及作业安全的设施设备、存在有毒有害物质的空间与作业地点隔开。

（5）有限空间作业应当严格遵守“先通风、再检测、后作业”的原则。检测指标包括氧浓度、易燃易爆物质（可燃性气体、爆炸性粉尘）浓度、有毒有害气体浓度。检测应当符合相关国家标准或者行业标准的规定。未经通风和检测合格，任何人员不得进入有限空间作业。检测的时间不得早于作业开始前30分钟。

（6）检测人员应当采取相应的安全防护措施，防止中毒窒息等事故发生。

（7）在有限空间作业过程中，应当采取通风措施，保持空气流通，禁止采用纯氧通风换气。

（8）应当根据有限空间存在危险有害因素的种类和危害程度，为作业人员提供符合国家标准或者行业标准规定的劳动防护用品，并教育监督作业人员正确佩戴与使用。

（9）有限空间作业还应当符合下列要求：保持有限空间出入口畅通；设置明显的安全警示标志和警示说明；作业前清点作业人员和工器具；作业人员与外部有可靠的通讯联络；监护人员不得离开作业现场，并与作业人员保持联系；存在交叉作业时，采取避免互相伤害的措施。

（10）重点抽查有限空间作业安全管理制度、有限空间管理台账、检测记录、劳动防护用品配备、应急救援演练、专项安全培训等情况。且为检查有限空间作业安全的人员配备必需的劳动防护用品、检测仪器。

检查人员发现有限空间作业存在重大事故隐患的，最好即时整改；重大事故隐患排除前或者排除过程中无法保证安全的，应当建议暂时停止作业，撤出作业人员。

第六节 人员密集场所安全隐患排查要点

人员密集场所，是指公众聚集场所，医院的门诊楼、病房楼，学校的教学楼、图书馆、食堂和集体宿舍，养老院，福利院，托儿所，幼儿园，公共图书馆的阅览室，公共展览馆、博物馆的展示厅，劳动密集型企业的生产加工车间和员工集体宿舍，旅游、宗教活动场所等。人员密集场所有以下特点：

（1）人员数量多、密度大。人员密集场所往往人员高度集中，在一定空间内同时接纳众多人群。现场安全管理难度大，而且多数人缺乏逃生的常识，一旦发生火灾事故，疏散逃生困难，极易造成人员的群死群伤。

（2）人员流动性强，人员的组成复杂。由于个体差异，在面对突发情况时，极易造成场面的混乱，从而引发踩踏事故的发生。

（3）场所所在建筑使用性质变更。酒吧、网吧、饭店等人员密集场所很少使用独立的建筑，经营者一般都是租用建筑物的一部分进行装修和改造，有的是在商场或办公楼的某个楼层，有的在停用的仓库或厂房内，有的在居民住宅楼的首层，有的甚至在居民住宅楼里面进行改造。

为加强人员密集场所安全管理，全面排查和治理各类安全隐患，有效防范各类突发公共安全事故，保障人民群众生命财产安全，基层应定期开展人员密集场所安全隐患排查工作。重点排查养老院、福利院、医院、学校、图书馆、托儿所、幼儿园、博物馆、旅游活动场所、宗教活动场所、劳动密集型企业等人员密集场所；宾馆、饭店、商场、超市、小商品市场、体育场馆以及公共娱乐场所等公众聚集场所。人员密集场所安全隐患排查要点主要包括：

（1）建筑物或者场所是否依法通过消防验收或者进行竣工验收消防备案，公众聚集场所是否通过投入使用、营业前的消防安全检查。

（2）建筑防火间距、防火防烟分区、消防设施设置是否符合国家标准，防火门、防火卷帘等防火分隔性能是否完好。

（3）是否落实消防安全主体责任、开展安全检查巡查。

（4）消防安全制度、灭火和应急疏散预案是否制定。

（5）消防设施是否按规定配备并进行有效维护，有无圈占消防设施现象；火灾自动报警、自动灭火、机械防排烟等自动消防设施是否完好有效。

（6）疏散通道、安全出口、消防车通道是否畅通，应急照明、安全疏散指示标识是否符合要求。

（7）电器线路、燃气管网是否定期维护保养、检测。

（8）生产、储存、经营易燃易爆危险物品的场所是否与居住场所设置在同一建筑物内。

（9）生产、储存、经营其他物品的场所与居住场所设置在同一建筑物内的，是否符合消防技术标准。

（10）用火、用电、用气以及危险物品管理是否符合安全要求，有无违规使用明火照明、违规进行电气焊操作现象；排油烟管道是否按规定进行了清理。

（11）企业厂房、库房、员工集体宿舍是否违规采用易燃可燃材料为芯材的彩钢板搭建，是否违规使用聚氨酯泡沫等易燃可燃材料装修或者作隔热保温层。

（12）电器产品、燃气用具的安装、使用及其线路、管路的设计、敷设、维护保养、检测是否符合技术要求。

第七节 特种设备安全隐患排查要点

根据《特种设备安全法》，特种设备是指对人身和财产安全有较大危险性的锅炉、压力容器（含气瓶）、压力管道、电梯、起重机械、客运索道、大型游乐设施、场（厂）内专用机动车辆，以及法律、行政法规规定适用本法的其他特种设备。由于特种设备危险性大，一旦发生事故，将会造成严重的损失，因此特种设备使用单位应该重视和加强特种设备的安全管理工作，及时排查特种设备安全隐患。基层常见特种设备安全隐患排查要点主要包括：

1、电梯安全隐患排查要点

（1）电梯轿厢内或者出入口的明显位置应张贴安全注意事项、警示标志和有效的《安全检验合格》标志。未经监督检验合格的电梯，电梯使用单位不得投入使用。

（2）在电梯显著位置标明使用管理单位名称、应急救援电话和维保单位名称及其急修、投诉电话。

（3）电梯使用单位的安全管理人员应当进行电梯运行的日常巡视，做好电梯日常使用状况记录，落实电梯的定期检验计划。

（4）电梯使用单位应当保证电梯紧急报警装置能够有效应答紧急呼救。

（5）电梯使用单位的安全管理人员妥善保管电梯层门钥匙、机房钥匙和电源钥匙。

（6）电梯的所有权人将电梯交付他人使用管理的，应当与使用管理单位签订书面合同，明确双方安全管理责任和电梯更新、改造、维修或者日常维护保养的出资义务。

2、锅炉安全隐患排查要点

（1）锅炉房通向室外的门应向外开，锅炉运行期间不得锁住或闩住。锅炉房的安全出口、楼梯及通道应畅通无阻。

（2）单层布置锅炉房的出入口不应少于2个，当炉前走道总长度不大于12 m，且面积不大于200 m^2 时，其出入口可只设1个。

多层布置锅炉房各层的出入口不应少于2个。楼层上的出入口，应有通向地面的安全梯。

（3）锅炉房应有足够的光线、良好的通风以及必要的降温设备和防冻措施。

（4）锅炉房内的操作地点以及水位表、压力表、温度计、流量计等安全附件处，应有足够的照明。

（5）锅炉水位表、锅炉水压表、仪表屏和其他照度要求较高的部位，应设置局部照明。

（6）气体和液体燃料管道应有静电接地装置，当其管道为金属材料时，可与防雷或电气系统接地保护线相连，不另设静电接地装置。

（7）锅炉使用单位对在用锅炉、安全附件及附属设备至少每月进行一次自行的安全检查；锅炉点火前、重要节日以及重大活动前也必须进行自行的安全检查。

（8）锅炉安全管理人员、司炉人员、水处理作业人员应进持证上岗。

（9）正常运行的锅炉每两年进行一次停炉的内部检验，每年进行一次运行状态下的外部检验以及每六年进行一次水压试验。未经定期检验或检验不合格的锅炉不得继续使用。

3、气瓶安全隐患排查要点

（1）运输和装卸气瓶时，必须配戴好气瓶瓶帽（有防护罩的气瓶除外）和防震圈（集装气瓶除外）。

（2）气瓶应有定期检验钢印标记、标签标记、检验标志环和检验色标，气瓶每个安全泄压装置应有明显的标志。

（3）在可能造成气体回流的使用场合，设备上应当配置防止倒灌的装置，如单向阀、止回阀、缓冲罐等。

（4）瓶内气体不得用尽，压缩气体、溶解乙炔气气瓶的剩余压力应当不小于0.05 MPa；液化气体、低温液化气体以及低温液体气瓶应当留有不少于0.5%~1%规定充量的剩余气体。

（5）储存瓶装气体实瓶时，存放空间温度不得超过40℃，否则应当采用喷淋等冷却措施。

（6）空瓶与实瓶应当分开放置，并有明显标志。

（7）使用气焊、气割动火作业时，乙炔瓶应直立放置；氧气瓶与乙炔气瓶间距不应小于5 m，二者与动火作业地点不应小于10 m，并不得在烈日下曝晒。

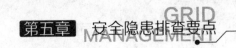

（8）气瓶立放时应妥善固定，防止气瓶倾倒，佩戴好瓶帽。

4、起重机安全隐患排查要点

（1）每台起重机械应备有一个或多个可从操作控制站操作的紧急停止开关，当有紧急情况时，应能够停止所有运动的驱动机构。

（2）起重机械紧急停止开关应为红色，并且不能自动复位。

（3）采用无线遥控的起重机械，起重机械上应设有明显的遥控工作指示灯。

（4）当使用条件或操作方法会导致重物意外脱钩时，应采用防脱绳带闭锁装置的吊钩。

（5）在可分吊具上，应永久性的标明其自重和能起吊物品的最大重量。

（6）起升机均应设置起升高度限位器。

（7）起重机和起重小车（悬挂型电动葫芦运行小车除外），应在每个运行方向装设运行行程限位器。

（8）当两台或两台以上起重机械或起重小车运行在同一轨道上时，应装设防碰撞装置。

（9）在轨道上运行的起重机的运行机构、起重小车的运行机构及起重机的变幅机构等均应装设缓冲器或缓冲装置。

（10）起重机应有标记、标牌和安全标志，包括额定起重量、产品名称、型号、各类安全警示标志等。

第八节 危险化学品安全隐患排查要点

危险化学品是指具有毒害、腐蚀、爆炸、燃烧、助燃等性质，对人体、设施、环境具有危害的剧毒化学品和其他化学品。危险化学品在受到摩擦、撞击、震动、接触火源、日光曝晒、遇水受潮、温度变化或遇到性能相抵的其他物质等外界因素影响时，会引起燃烧、爆炸、中毒、灼伤等安全事故，因此在危险化学品储存、使用和搬运中需要特别加以防护。危险化学品安全隐患排查要点如下：

1、危险化学品储存安全隐患排查要点

（1）危险化学品不应露天存放，并根据危险化学品特性应分区、分类、分库贮存。

（2）危险化学品仓库应设置高窗，窗上应安装防护铁栏，窗户应采取避光和防雨措施。

（3）危险化学品仓库门应根据危险化学品性质相应采用具有防火、防雷、防静电、

防腐不产生火花等功能的单一或复合材料制成，门应向疏散方向开启。

（4）危险化学品仓库应为单层且独立设置，不应设有地下室。

（5）危险化学品仓库内照明、事故照明设施、电气设备和输配电线路应采用防爆型。

（6）危险化学品仓库内照明设施和电气设备的配电箱及电气开关应设置在仓库外，并应可靠接地，安装过压、过载、触电、漏电保护设施，采取防雨、防潮保护措施。

（7）危险化学品仓库应设置防爆型通风机。

（8）危险化学品仓库及其出入口应设置视频监控设备。

（9）储存易燃气体、易燃液体的危险化学品仓库应设置可燃气体报警装置。

（10）易燃易爆仓库，入口处应设有防静电设施。

（11）危险化学品出库、入库前，应当核对危险化学品的品种、规格、数量，检查安全技术说明书和安全标签，检查包装物、容器有无破损，并进行登记记录。

（12）需要低温储存的易燃易爆化学品应存放在专用防爆型冰箱内。

（13）腐蚀性化学品宜单独存放在耐腐蚀材料制成的储存柜或容器中。

（14）爆炸性化学品和剧毒化学品应分别单独存放在专用储存柜中。

（15）其他危险化学品应储存在专用的通风型储存柜内。

2、危险化学品使用安全隐患排查要点

（1）涉危单位使用的化学品应当有安全技术说明书和安全标签。使用进口危险化学品的，应当具备中文安全技术说明书和安全标签。

（2）涉危单位应当为职工配备具有危险化学品防护性能、符合国家标准的劳动防护用品，并保证职工正常使用。

（3）作业场所日常使用的危险化学品的存放量不得超过一个班次的用量。

（4）在有可燃或有毒气体大量泄漏可能的作业场所，应当设置可燃或有毒气体报警仪。

（5）涉危单位应当对危险化学品使用场所的动火、进入有限空间等具有高事故风险的作业环节，办理单位内部危险作业许可证。

（6）涉危单位应当按照有关国家标准规定，在重要岗位、重要设备设施、重大危险源、危险区域设置安全警示标志。

（7）涉危单位购进的危险化学品需要转移或分装到其他容器时，应当在转移或分装后的容器上粘贴安全标签。

（8）盛装危险化学品的容器在未无害化处理前，不得更换原安全标签。

（9）严禁未经审批进行动火、进入受限空间、高处、吊装、临时用电、动土、检维修、

盲板抽堵等作业。

（10）在放散有爆炸危险的可燃气体、粉尘或气溶胶等物质的工作场所，应设置防爆通风系统或事故排风系统。

（11）危险化学品应向具有合法资质的生产、经营单位采购。

（12）危险化学品的发放应有专人负责，并根据实际需要的最低数量发放。

（13）危化品领用时应填写危险化学品领用记录，领用剧毒化学品、爆炸性化学品和易制爆危险化学品时还应详细记录用途。

（14）危险化学品管道应设置危险标识：在管道上涂 150 mm 宽黄色，在黄色两侧各涂 25 mm 宽黑色的色环或色带。

3、危险化学品搬运安全隐患排查要点

（1）装卸、搬运危险品化学时，应做到轻装、轻卸，严禁摔、碰、撞、击、拖拉、倾倒和滚动。

（2）装卸搬运有燃烧爆炸危险性危险化学品的机械和工具应选用防爆型。

第九节 道路交通安全隐患排查要点

道路交通安全一直是安全管理的重中之重，针对旅客运输车辆严重超员、严重超速，违规运输危险化学品等危险驾驶行为，农村道路路窄、陡坡、路基不稳等安全隐患问题，应严格检查。

1、道路安全隐患排查要点

（1）急弯、陡坡、临崖、临水等路段未设置警告标志和安全防护设施的；道路出现坍塌、坑潜、水毁、隆起等损毁，影响车辆安全通行的。

（2）交通信号灯、交通标志、交通标线等交通设施损毁、灭失以及设置不规范不合理等危及交通安全的。

（3）占用、挖掘道路施工、道路养护施工未按规定设置安全警示标志，采取防护措施的，以及施工作业完毕未迅速清除道路上的障碍物，消除安全隐患的。

（4）6 m 以上高路堤通行客运车辆的道路未安装防撞护栏的。

（5）道路安全防护设施损坏未修复的。

（6）道路两侧及隔离带上种植树木、其他植物或者设置广告牌、管线等，遮挡路灯、交通信号灯、交通标志，妨碍安全视距的。

（7）非法占用道路从事非交通活动的。

（8）道路存在滑坡、坍塌等隐患的。

（9）禁止客运车辆通行的道路未设置禁止驶入标志。

（10）高速公路上标志标线方向指示不清，设置位置不合理易被地形、树木遮挡；路面反光标线、轮廓标等反光效果极差，无法满足夜间安全行车需要；公路路面破损坑幽道路排水不畅造成易积水路段、高边坡和易滑坡路段，桥梁伸缩缝破损；高速公路防撞护栏缺失或损坏，道路隔离栏栅（墙）缺失或损坏的路段，隧道风机、通信和照明等设施隐患、隧道渗水。在高速路上从事非交通活动。

2、客运站安全隐患排查要点

（1）未对站场内消防设施设备进行重点检查，并督促客运企业加强对站内停靠车辆的消防设施设备（灭火器、消防锤、逃生窗）的检查。

（2）站场内未按要求配备足够的管理人员和安保人员以及消防器材，如灭火器、安全检测仪、消防栓等。

（3）检查灭火器的气压是否处于正常状态，检查消防栓是否完好。

（4）未在场站内、外悬挂交通安全标语，设置交通安全宣传橱窗和交通安全宣传展板，滚动播放交通安全宣传录像。

（5）未制定严格的检查制度，配备相应的检测设备，安排专人值守，加大“三危品”（易燃、易爆、易腐蚀危险品）的查堵力度，防止“三危品”进站（场）上车。

3、客运车辆和校车安全隐患排查要点

（1）未配备相应的安全防护处理器材。

（2）车门设备启闭不灵活，开关与手动开关不能同时正常使用。

（3）车窗密闭型的客运车辆不能随时开闭。

（4）消防设备及必要的应急并有自行启闭现象，自动未安装安全锤；逃生窗不能随时开闭。

（5）校车未持有统一制作的校车专用通行证并喷涂或张贴醒目标识。

4、危化品运输车安全隐患排查要点

（1）通过道路运输危险化学品的，未按照运输车辆的核定载质量装载危险化学品，严重超载。

（2）危险化学品运输车辆不符合国家标准要求的安全技术条件，未按照国家有关规定定期进行安全技术检验。

（3）危险化学品运输车辆应当悬挂或者喷涂符合国家标准要求的警示标志。

（4）道路运输危险化学品的，未配备押运人员。

（5）未经公安机关批准，运输危险化学品的车辆进入危险化学品运输车辆限制通行的区域。

第十节 职业卫生隐患排查要点

职业病是指企业、事业单位和个体经济组织的劳动者在职业活动中，因接触粉尘、放射性物质和其他有毒、有害物质等因素而引起的疾病。职业病危害是指对从事职业活动的劳动者可能导致职业病的各种危害。职业病危害因素包括职业活动中存在的各种有害的化学、物理、生物因素以及在作业过程中产生的其他职业有害因素。

为消除隐患、改善劳动条件，基层应通过职业卫生隐患排查及时发现职业病危害因素，督促企业有计划地采取措施，保证从业人员的健康。职业卫生隐患排查要点主要包括：

（1）是否为劳动者配备符合国家职业卫生标准的防护用品，是否指导劳动者正确使用防护设备和个人防护用品。

（2）劳动者是否按照规定正确佩戴使用个人防护用品。

（3）职业病危害防护设备是否正常有效运行。

（4）防护用品是否及时发放并更新，发放与更新是否有记录。

（5）生产布局是否合理：作业场所与生活场所是否分开，有害作业与无害作业是否分开，高毒场所作业场所与其他作业场所是否隔离。

（6）是否在醒目位置设置公告栏，公布有关职业病危害防治的规章制度、操作规程、职业病危害事故应急救援措施和作业场所职业病危害因素检测结果等情况。

（7）是否在醒目位置设置警示标志和中文警示说明，警示说明是否载明产生职业病危害的种类、后果、预防以及应急救治措施等内容。

（8）是否在可能产生急性职业病危害事故的有毒有害作业场所配备报警装置，是否配置现场急救用品，设置应急撤离通道，配备必要的泄险区和冲洗设备。

第十一节 小微企业安全隐患排查要点

小化工、小木器、小服装、小加工、小作坊等小微企业因技术落后、制度不健全、管理不规范，存在着许多安全隐患，是安全生产事故多发企业。

1、小微企业隐患排查和管理重点内容

（1）行政许可方面。重点排查企业从事相关行业未依法办理证照或存在证照不齐、过期失效等情况，生产经营活动不符合工商登记核准范围等各类非法、违法、违规行为。

（2）工艺设备方面。重点排查企业使用国家和北京市明令禁止和淘汰的生产工艺、生产设备以及生产强制淘汰产品的情况。

（3）消防安全方面。重点排查生产场所违章动火作业，电器线路私拉乱接、疏散通道堵塞、安全出口锁闭（缺失），消防设施和灭火器材配备不足，易燃易爆场所未设置“禁止烟火”“禁止吸烟”等标志，存在“三合一”等火灾隐患和消防违法行为。

（4）用电安全方面。重点排查电线私拉乱接，绝缘破损；将导线直接插入插座内使用；在电线上悬挂物品；配电箱脏污、积水。

（5）厂容厂貌方面。重点排查生产现场、办公场所、走道楼梯应干净整洁；工位附近的地面上，不允许存放于生产无关的物品，不允许有黄油、油液和水积存；生产设备与操作点和操作区域有足够的照明。

（6）劳动防护方面。重点排查从业人员是否正确佩戴和使用符合标准的劳动防护用品。

（7）厂房出租方面。重点排查企业在厂房出租中存在群租、乱租、混租现象。

（8）现场管理方面。重点排查企业各类违章指挥、违章操作、违反劳动纪律等“三违”现象；作业现场机器设备布局过于拥挤、现场物品堆积摆放杂乱等安全隐患；生产作业存在严重“跑冒滴漏”“脏乱差”等情况。

2、小微企业个性隐患排查和管理重点内容

（1）小化工企业。重点排查处于化工集中区的化工生产企业；区内企业重点整治危

化品管理措施不到位；作业场所不具备必要的安全生产条件；企业废水、废气未达标排放，危险废物未按规定进行贮存、处置，卫生防护距离不够以及环境安全防范措施不符合要求等问题。

（2）小木器企业。重点排查喷涂车间与普通车间未隔离、喷涂车间存在通风不畅、使用非防爆电器和主要原材料及成品仓库存在的严重安全隐患；海绵、弹簧包制作、电热丝切割等容易引发火灾、爆炸事故的工序；作业现场电器线路敷设不规范；员工进行喷漆、打磨等作业时缺乏职业防护；企业废气未进行有效收集、处理和排放不达标等问题。

（3）小服装企业。重点排查危化品管理缺失；精练染整等行业高温防护缺失，员工从事接触职业病危害作业无劳动防护；高处作业平台未安装安全防护栏；车间内消防器材缺失、破损、过期，企业违法排污等问题。

（4）小加工企业。重点排查企业存在“一证多厂”的挂靠生产行为和电镀企业群租现象；剧毒品管理制度不落实；员工未经培训上岗、作业现场劳动保护缺失；企业废水、废气未达标排放，危险废弃物未按规定贮存、处置等问题。

（5）小作坊企业。重点排查企业存在“三合一”，作业现场排风、通风不符合要求，现场劳动保护缺失；生产设备安全防护装置缺失；三类人员未经培训上岗；特种设备未按时检测；危险废弃物未按规定贮存、处置以及容易引发火灾、职业危害事故等隐患问题。

第十二节 “三小”场所安全隐患排查要点

“三小”场所，即小档口、小作坊、小娱乐场所。小档口是指建筑面积在300 m^2以下具有销售、服务性质的商店、营业性的饮食店、汽车摩托车修理店、洗衣店、电器维修店、美容美发店（院）等场所；小作坊是指建筑高度不超过24 m，且每层建筑面积在250 m^2以下，具有加工、生产、制造性质，火灾危险性为丙、丁、戊类的场所（含配套的仓库、办公、值班住宿等场所）；小娱乐场所是指建筑面积在200 m^2以下的具有休闲、娱乐功能的酒吧、茶艺馆、沐足屋、棋牌室（含麻将房）、桌球室等场所。

基层结合消防安全网格化管理，在（街）镇的统一领导下，组织基层消防网格员，对辖区内“三小”场所进行全面排查，逐一登记造册，建立台账，重点清理违规住人问题，并根据消防安全状况，实施“一户一牌”，确定“红黄绿”标识管理等级，悬挂固定标识牌，存在违规住人的一律标识“红色”。“三小”场所安全隐患排查要点主要包括：

（1）场所内是否存在设置员工宿舍，违规住人的情况。

（2）是否在场所内违规生火、煮饭、使用明火。

（3）50 m^2 以上的小娱乐场所是否设有两个安全出口，是否在适当位置设置随时可从室内开启的应急逃生出口。

（4）三层以下是否配备消防逃生软梯，三层以上是否设置固定消防逃生梯。

（5）场所内是否配置足够的干粉灭火器。

（6）消防设施设置是否定期进行维护保养并保持完好有效、疏散逃生通道是否畅通。

（7）用火用电较多的场所，是否存在搭建住人阁楼的情况。

（8）是否存在电线私拉乱接乱放现象。

（9）是否违规存放易燃易爆物品。

第十三节 其他安全隐患排查要点

1、交通安全巡查要点

现在交通网络高度发达，人们的出行越来越方便，但交通隐患也随之增多，事故发生率居高不下。于是，预防和减少交通隐患，维护交通安全极其重要。

（1）道路交通安全设施。

①交通标志。道路交通标志有警告标志、禁令标志、指示标志、指路标志、旅游区标志、道路施工安全标志、辅助标志等。

②路面标线。路面标线有禁止标线、指示标线、警告标线，是直接在路面上用涂料喷刷或用混凝土预制块等铺列成线条、符号，与道路标志配合的交通管制设施。路面标线种类较多，有行车道中线、停车线标线、路缘线等。标线有连续线、间断线、箭头指示线等，多使用白色或黄色。

③护栏。护栏按地点不同可分为路侧护栏、中央隔离带护栏和特殊地点护栏 3 种；按结构可分为柔性护栏、半刚性护栏和刚性护栏 3 类。

④隔离栅。隔离栅是阻止人畜进入高速公路的基础设施之一，它使高速公路全封闭得以实现。隔离栅按其使用材料的不同，可分为金属网、钢板网、刺铁丝和常青绿篱几大类。

⑤照明设施。道路照明的主要作用是保证夜间交通的安全与畅通，可分为连续照明、局部照明及隧道照明。

⑥视线诱导标。视线诱导标一般沿道路两侧设置。

⑦防眩设施。防眩设施的用途是遮挡对向车前照灯的眩光，分防眩网和防眩板两种。

（2）道路交通安全影响因素。

①人员因素。人员因素是影响道路交通安全的最关键因素，包括驾驶员、行人、乘客等。驾驶员的生理、心理素质及反应特性对保障交通安全起着至关重要的作用。

②设备因素。道路交通中的设备因素包括道路、车辆和安全设施等。其中交通安全设施包括交通标志、路面标线、护栏、隔离栅、照明设备、视线诱导标、防眩设施等。安全设施一方面能够有效地对驾驶员和其他出行者进行引导和约束，使驾驶员对车辆的操纵安全而规范，使其他出行者与机动车流保持合理的隔离，从而降低事故的发生率；另一方面能够在车辆出现操控异常后，有效地对车辆进行缓冲和防护，尽可能地减少人员伤亡和财产损失。

（3）交通安全巡查要点主要包括：

①二级以上客运站（含二级）未配置危险品检查设备。

②发超员客车、超载货车出站。

③停车场和候车室无安全通道，或安全通道堵塞。

④站内车辆不按安全规定的要求停放，违规上下旅客。

⑤站区内无明显安全标识，候车室内无禁止吸烟标志。

⑥车站门口无限速标牌，转弯交叉路口无标志牌。

⑦未按规定配置消防器材，或消防器材的数量、种类和设置部位不符合安全规范要求。

⑧变、配电房的电气设备没有保护装置和标识。

⑨电气设备、线路有老化现象没有及时更换，存在私拉乱接现象。

⑩各类设备的安全防护装置不齐全或有损坏。

⑪汽车客运站是否采取有效措施，严禁旅客携带易燃、易爆和其他危险物品进站、上车。

⑫汽车客运站是否落实客运驾驶员的休息制度，提供必要的休息服务设施，保证驾驶员的正常休息。

⑬装载危险品车辆是否有明显标志，如插上“危险品”字样的黄旗，车上应备有消防器材、防静电的接地装置，排气管上装好灭火罩等。

⑭运输途中，车辆不可在人群密集处停靠。

⑮夏季运输避免暴晒，装运时要有遮阳设施。

⑯连续下坡道路；长达隧道及隧道群路段；桥梁路段，尤其是有危桥的路段；急弯陡坡路段；临水路段；路面积水路段；道路修缮、养护路段；遭遇恶劣天气、自然灾害坍

塌、塌方的路段；积雪、积水甚至结冰路段。

⑰ 村民是否为图省事贪便宜而乘坐拖拉机、农用车。

⑱ 是否有非正规营运客运、货运车辆多。

⑲ 交通安全防护设施是否缺乏，交通信号、交通标志、标线及安全防护设施缺乏。

2、职业卫生与劳动保护巡查要点

职业卫生又称劳动卫生，是以职工的健康在职业活动过程中免受有害因素侵害为目的的工作领域及法律、技术、设备组织制度和教育等方面所采取的相应措施，主要研究的是如何防止职工在职业活动中职业病的发生。

（1）职业病及其目录。

职业病是指企业、事业单位和个体经济组织等用人单位的劳动者在职业活动中，因接触粉尘、放射性物质和其他有毒、有害因素而引起的疾病。

2013 年 12 月 23 日，国家卫生计生委、人力资源社会保障部、安全监管总局、全国总工会 4 部门联合印发《职业病分类和目录》。目前我国职业病共分 10 大类 132 种。

表 5-2 职业病分类和目录

分类		目录举例
职业性尘肺病及其他呼吸系统疾病	尘肺	矽肺、煤工尘肺、石墨尘肺等
	其他呼吸系统疾病	过敏性肺炎、棉尘病、哮喘
职业性皮肤病		接触性皮炎、光敏性皮炎、电光性皮炎
职业性眼病		化学性眼部灼伤、电光性眼炎、职业性白内障（含放射性白内障、三硝基甲苯白内障）
职业性耳鼻喉口腔疾病		噪声聋、铬鼻病、牙酸蚀病、爆震聋
职业中毒		铅及其化合物中毒（不包括四乙基铅），汞及其化合物中毒
物理因素所致职业病		中暑、减压病、高原病、航空病、手臂振动病、激光所致眼损伤、冻伤

分类	目录举例
职业性放射性疾病	外照射急性放射病、外照射亚急性放射病、外照射慢性放射病
职业性传染病	炭疽、森林脑炎、布鲁氏菌病、艾滋病（限于医疗卫生人员及人民警察）、莱姆病
职业性肿瘤	石棉所致肺癌、间皮瘤，联苯胺所致膀胱癌，苯所致白血病
其他职业病	金属烟热、滑囊炎（限于井下工人）、股静脉血栓综合征

（2）劳动防护用品（GB/T 15236—2008）

为使职工在职业活动过程中免遭或减轻事故和职业危害因素的伤害而提供的个人穿戴用品，称为劳动防护用品。

劳动防护用品分为一般劳动防护用品和特种劳动防护用品两种。其范围有以下几类：

①头部护具类：安全帽。

②呼吸护具类：防尘口罩、过滤式防毒面具、自给式空气呼吸器、长管面具等。

③眼（面）护具类：焊接眼面防护具、防冲击眼护具等。

④防护服类：阻燃防护服、防酸工作服、防静电工作服等。

⑤防护鞋类：保护足趾安全鞋、防静电鞋、导电鞋、防刺穿鞋、胶面防砸安全靴、电绝缘鞋、耐酸碱皮鞋、耐酸碱胶靴、耐酸碱塑料模压靴等。

⑥防坠落护具类：安全带、安全网、密目式安全立网等。

（3）职业病危害告知与警示标识。

职业病危害告知是指用人单位通过与劳动者签订劳动合同、公告、培训等方式，使劳动者知晓工作场所产生或存在的职业病危害因素、防护措施、对健康的影响以及健康检查结果等的行为。

职业病危害警示标识是指在工作场所中设置的可以提醒劳动者对职业病危害产生警觉并采取相应防护措施的图形标识、警示线、警示语句和文字说明以及组合使用的标识等。

用人单位应在产生或存在职业病危害因素的工作场所、作业岗位、设备、材料（产品）包装、贮存场所设置相应的警示标识。

产生职业病危害的工作场所，应当在工作场所入口处及产生职业病危害的作业岗位或设备附近的醒目位置设置警示标识：

①产生粉尘的工作场所设置“注意防尘”“戴防尘口罩”“注意通风”等警示标识，对皮肤有刺激性或经皮肤吸收的粉尘工作场所还应设置“穿防护服”“戴防护手套”“戴防护眼镜”，产生含有有毒物质的混合性粉（烟）尘的工作场所应设置“戴防尘毒口罩”。

②放射工作场所设置“当心电离辐射”等警示标识，在开放性同位素工作场所设置“当心裂变物质”。

③有毒物品工作场所设置“禁止入内”“当心中毒”“当心有毒气体”“必须洗手”、“穿防护服”“戴防毒面具”“戴防护手套”“戴防护眼镜”“注意通风”等警示标识，并标明“紧急出口”“救援电话”等警示标识。

④能引起职业性灼伤或腐蚀的化学品工作场所，设置“当心腐蚀”“腐蚀性”“遇湿具有腐蚀性”“当心灼伤”“穿防护服”“戴防护手套”“穿防护鞋”“戴防护眼镜”“戴防毒口罩”等警示标识。

⑤产生噪声的工作场所设置“噪声有害”“戴护耳器”等警示标识。

⑥高温工作场所设置“当心中暑”“注意高温”“注意通风”等警示标识。

⑦能引起电光性眼炎的工作场所设置“当心弧光”“戴防护镜”等警示标识。

⑧生物因素所致职业病的工作场所设置“当心感染”等警示标识。

⑨存在低温作业的工作场所设置“注意低温”“当心冻伤”等警示标识。

⑩密闭空间作业场所出入口设置“密闭空间作业危险”“进入需许可”等警示标识。

⑪ 产生手传振动的工作场所设置“振动有害”“使用设备时必须戴防振手套”等警示标识。

⑫ 能引起其他职业病危害的工作场所设置“注意 XX 危害”等警示标识。

生产、使用有毒物品工作场所应当设置黄色区域警示线。生产、使用高毒、剧毒物品工作场所应当设置红色区域警示线。警示线设在生产、使用有毒物品的车间周围外缘不少于 30 cm 处，警示线宽度不少于 10 cm。

（4）用人单位职业病危害防治八条规定。

①必须建立健全职业病危害防治责任制，严禁责任不落实违法违规生产。

②必须保证工作场所符合职业卫生要求，严禁在职业病危害超标环境中作业。

③必须设置职业病防护设施并保证有效运行，严禁不设置不使用。

④必须为劳动者配备符合要求的防护用品，严禁配发假冒伪劣防护用品。

⑤必须在工作场所与作业岗位设置警示标识和告知卡，严禁隐瞒职业病危害。

⑥必须定期进行职业病危害检测，严禁弄虚作假或少检漏检。

⑦必须对劳动者进行职业卫生培训，严禁不培训或培训不合格上岗。

⑧必须组织劳动者职业健康检查并建立监护档案，严禁不体检不建档。

（5）职业危害与职业卫生安全巡查要点主要包括：

①是否配备符合国家职业卫生标准的防护用品。

②是否配备符合国家职业卫生标准的防护用品。

③劳动者作业时是否佩戴使用个人防护用品。

④作业场所是否与生活场所分开。

⑤有害作业、高毒作业是否与其他场所分开。

⑥防护设施是否正常有效。

⑦是否合理设置浴室、存衣室、盥洗室。

⑧是否在醒目位置设置公告栏，公布有关职业危害防治的规章制度、操作规程、职业危害事故应急救援措施和作业场所职业危害因素检测结果等。

⑨是否在醒目位置设置警示标志和中文警示说明，警示说明是否载明产生职业危害的种类、后果、预防以及应急救治措施。

⑩是否安排未成年工从事接触职业危害的作业，是否安排孕期的女职工及从事对本人和胎儿有害的作业。

⑪ 是否配置现场急救用品，设置应急撤离通道。

3、煤气中毒巡查要点

煤气中毒可以使人头晕、恶心、血压下降、昏迷，严重者可能危及生命。在密闭的居室里使用煤炉取暖、做饭，使用燃气热水器长时间洗澡等原因都可能引起煤气中毒。冬季是煤气中毒的高发时段，尤其是春节期间要注意预防煤气中毒。平时做好宣传工作，利用广播、板报、张贴标语等形式，宣传防火和安全取暖知识。

（1）煤气中毒的常见原因。

①生活用煤不装烟筒，或是装了烟筒但却堵塞、漏气。

②室内用炭火锅涮肉、烧烤用餐，而门窗紧闭通风不良，容易造成一氧化碳停留时间过长。

③火灾现场会产生大量一氧化碳。

④冬天在门窗紧闭的小车内连续发动汽车，产生大量含一氧化碳的废气。

⑤煤气热水器安装使用不当。

⑥城区居民使用管道煤气，管道中一氧化碳浓度为25%至30%，如果管道漏气、开

关不紧或烧煮中火焰被扑灭后，煤气大量溢出，可能造成中毒。

（2）煤气中毒巡查要点主要包括：

①辖区范围内使用民用燃煤取暖炉、土暖气、土炕等炉具取暖的户数、人数。

②孤寡老人、流动人口等高危人群统计。

③使用煤炉取暖的居民在安装炉具时，炉具是否完好，如发现有破损、锈蚀、漏气等问题，要及时更换并修补。

④烟囱是否顺茬儿接，出风口要安装弯头，出口不能朝北，以防因大风造成煤气倒灌，屋内必须安装风斗。

⑤勤检查烟道是否畅通。

⑥热水器是否与浴池分开而建，煤气与热水器连接管线是否完好。

⑦是否使用煤气专用橡胶软管，不能用尼龙、乙烯管或破旧管子。

⑧有煤气或液化气的家庭是否安装可燃气体泄漏报警器。

4、汛期安全预防

汛期是指暴雨洪水在一年中集中出现的明显时期。汛期多暴雨天气，城市下凹式立交桥和低洼院落会出现积滞水，河道会发生洪水，山区还可能引发山洪和泥石流。汛期安全巡查要点主要包括：

①生产、生活区的排水沟是否能顺利排水。

②雨水、污水管道及其他排水管道是否能顺利排水排污，是否需要疏通。

③桥梁、涵洞、立交桥等地的防汛通道是否畅通。

④辖区内是否有危旧房，具体的面积和位置等情况，查看是否需要修缮。

⑤避雷、防雷措施是否可靠；室内外布线是否规范、合理，电线有无老化、破损现象。

⑥建筑物基础、墙体、柱、梁、楼面、屋架、屋面、门窗等是否有异常。

⑦围墙、大门、旗杆、临时搭建物、构筑物、树木、花坛、水池等是否安全。

⑧室内外的悬挂物，如广播喇叭、广告牌等安装是否牢固。

⑨室外电气设备（能源设施）是否完好，防雨防潮设施是否设置、完好。

第六章

安全生产宣传教育

第一节 安全生产宣传教育工作的重要意义

美国著名学者海因里希经过大量调查研究发现，各类事故发生的因素存在着88∶10∶2的规律，即100起事故中，有88起是因为人的不安全行为造成的，10起是因为“物”的不安全状态造成的，仅有2起是由不可控因素造成的。发生不安全行为的根本原因是因为人的安全素质不高，具体表现为安全意识不强，安全知识不足，安全技能缺乏。必须通过安全生产宣传教育，提升安全素质。

安全生产宣传教育是一项持之以恒的工作，生产不停，对安全生产的宣传教育就不能停止。

《安全生产法》规定，各级人民政府及其有关部门应当采取多种形式，加强对有关安全生产的法律、法规和安全生产知识的宣传，增强全社会的安全生产意识。

党的十八届五中全会和《国民经济和社会发展第十三个五年规划纲要》明确提出，要牢固树立安全发展观念，加强全民安全意识教育，实施全民安全素质提升工程。习近平总书记多次强调，发展决不能以牺牲人的生命为代价，必须作为一条不可逾越的红线，这个观念必须在全社会牢固树立起来；要把公共安全教育纳入国民教育和精神文明建设体系，推动安全教育进企业、进农村、进社区、进学校、进家庭，加强安全公益宣传，正确引导社会舆论和公众情绪，动员全社会的力量来维护安全生产和公共安全；要做到一方出事故、多方受教育，一地有隐患、全国受警示。党中央、国务院和习近平总书记系列重要指示精神为加强新时期安全生产宣传教育工作指明了方向，提供了根本遵循。

2016年4月25日，国家安全监管总局、中共中央宣传部、教育部、文化部、国家新闻出版广电总局、中华全国总工会、共青团中央、中华全国妇女联合会等8部门联合印发《关于加强全社会安全生产宣传教育工作的意见》（以下简称《意见》）。

《意见》指出，我国安全生产状况虽然总体向好，但仍处于事故的多发期易发期，重特大事故多发势头尚未得到有效遏制。全社会的安全素质虽然明显提升，但安全发展观念和安全红线意识树立得还不够牢，安全知识和技能水平总体偏低，违章指挥、违规作业、违反劳动纪律的问题时有发生，由人的不安全行为酿成的事故占事故总量 90% 左右。深入加强全社会安全生产宣传教育工作，对于凝聚全社会安全发展共识，提升全民安全文明水平，有效防范遏制重特大事故、继续减少事故总量、增强群众安全感具有重要意义。

第二节 安全生产宣传教育工作的重点工作

当前，我国安全生产状况虽然总体向好，但仍处于事故的多发期易发期，重特大事故多发势头尚未得到有效遏制。全社会的安全素质虽然明显提升，但安全发展观念和安全红线意识树立得还不够牢，安全知识和技能水平总体偏低，违章指挥、违规作业、违反劳动纪律的问题时有发生，由人的不安全行为酿成的事故占事故总量 90% 左右。深入加强全社会安全生产宣传教育工作，对于凝聚全社会安全发展共识，提升全民安全文明水平，有效防范遏制重特大事故、继续减少事故总量、增强群众安全感具有重要意义。安全生产宣传教育工作的重点工作包括以下六项。

1、重点做好安全发展观念的宣传教育

要大力宣传习近平总书记关于安全生产系列重要讲话精神，大力宣传党中央、国务院的决策部署，大力宣传安全生产事关人民群众生命财产安全和改革发展稳定大局的重要意义，大力宣传以人为本、安全发展的观念，大力宣传“安全第一、预防为主、综合治理”的方针，全面树立安全红线不可逾越的鲜明导向，使各级党委政府将安全生产作为最大的民生、最过硬的政绩、最重要的软实力，使企业将安全生产作为第一责任、第一效益、第一品牌和最核心的竞争力，引导全社会深刻认识安全生产就是保生命、保健康、保幸福，进一步营造安全生产人人有责、安全生产从我做起的良好氛围。

2、重点做好安全生产形势任务的宣传教育

要辩证分析当前安全生产形势，既要大力宣传总体向好的发展态势，引导全社会坚定对安全生产工作的信心，又要客观介绍依然严峻复杂的客观现实，引导全社会增强安全生产忧患意识和责任意识。要通过历史变化、现实成就和国际比较，引导全社会深刻认识安全生产工作的长期性、艰巨性、复杂性和反复性，形成全社会对安全生产形势的理性认识和合理预期。要及时回应安全生产热点问题，通俗易懂、图文并茂地阐释安全生产是什么、为什么、怎么干。

3、重点做好安全生产措施和经验的宣传教育

要深入宣传阐释当前和“十三五”时期安全生产工作的总体思路、主要目标和重点措施，大力宣传党和政府保护人民群众生命健康安全的坚强决心、重大举措和明显成效。要将防范遏制重特大事故作为重中之重，强化相关方法措施的宣传。要把企业安全生产主体责任挺在前面，深入阐释企业安全生产主体责任、政府部门监管责任和党委政府领导责任的具体内容和明确界限，推动树立安全生产责任不可推卸、安全生产任务必须落实的鲜明导向。要大力宣传安全生产理念创新、制度创新、机制创新和体制创新的措施，为全面推进安全生产领域改革创造良好舆论氛围。要大力宣传安全生产好经验、好做法和先进人物事迹，纳入道德模范、时代楷模、最美人物等系列宣传，充分展示安全监管监察队伍心系生命、忠于职守、敢于担当、无私奉献、攻坚克难的高尚品质和精神风貌，树立安全生产新风正气。

4、重点做好安全生产法治的宣传教育

要深入宣传依法治安在实施推进全面依法治国战略部署方面的重要意义，深入普及以《安全生产法》为核心的安全生产法律法规标准，大力宣传政府及有关部门、企业和从业人员等各方面安全生产的权利、义务，推动树立安全生产法治信仰、法治思维和法治方式。要认真讲好安全生产法治故事，直播公开审判案例，公布企业的安全生产不良信息和安全生产“黑名单”企业，推动树立安全生产法律不可践踏的鲜明导向。要加强安全生产舆论监督，定期曝光安全生产重大隐患、违法违规生产经营建设行为和发生重特大事故的企业及其负责人。要全面推进安全生产信息公开，凝聚形成安全生产人人了解、人人参与、人人监督、人人自律的合力。

5、重点做好安全生产知识技能的宣传教育

要通过撰写报道、制作节目、开展活动等方式全面普及与人民群众息息相关的生产生活安全知识，进一步提升全社会的安全文明素质。要有针对性地加强全员安全教育培训，全面提升按章作业的思想自觉和行为自觉，全面提高风险辨识、隐患排查治理、事故应急处置和逃生自救互救能力。要针对重大活动、重要节日和重点时段，有针对性地进行重点宣传。

6、重点做好生产安全事故的警示教育

要围绕容易发生重特大事故的行业领域、重点时间节点、关键薄弱环节，强化季节性

动向性安全生产预防预警宣传。要突出应急响应、事故原因分析、问题整改和人文关怀，及时准确公开重特大典型事故的信息，稳妥做好生产安全事故报道。要突出事故原因剖析、事故教训警示，提醒各地举一反三、严防类似事故发生，切实做到一地出事故、全国受教育。

第三节 安全生产宣传教育“七进”活动基本规范

安全生产宣传教育“七进”活动是指安全生产宣传教育进企业、进学校、进机关、进社区、进农村、进家庭、进公共场所。“七进”活动基本规范如下：

1、安全生产宣传教育“进企业”基本规范

要通过加强企业安全生产宣传教育，推动企业落实安全生产主体责任，提高安全生产水平，预防和减少各类事故特别是重特大生产安全事故发生。

（1）要有制度。各类企业要将安全生产宣传教育纳入企业日常管理工作，与生产经营各项工作同研究、同部署、同落实，确保有专门责任人和专项工作经费。

（2）要有培训。将安全生产宣传教育作为班前会、月度例会、生产经营会和安全生产工作会议的固定议题研究部署；定期开展岗位安全知识普及与培训，定期开展安全应急演练。推动煤矿、非煤矿山、建筑、冶金、交通、制造等行业领域建设安全体验馆，强化体验式培训。

（3）要有活动。深入开展“安康杯”竞赛、“青年安全生产示范岗”创建、“安全生产月”和“安全生产万里行”、《安全生产法》宣传周、《职业病防治法》宣传周以及其他安全生产宣传教育活动。

（4）要有文化。积极开展安全文化创建工作，将企业安全文化建设作为安全生产标准化建设重要内容，同时要切实承担起安全文化辐射全社会的责任。

（5）要有警示。在醒目位置设置安全生产宣传专栏，悬挂张贴安全生产宣传标语、安全生产系列挂图。利用电子屏滚动播放安全宣传片和安全警示提示。高危行业企业及规模以上企业每季度至少要组织全体职工观看一次安全生产警示教育片，定期组织安全反思活动。

（6）要有标识。设置岗位安全描述、风险公告、警示提示、安全操作规程等标识。

2、安全生产宣传教育“进校园”基本规范

要通过加强校园安全生产宣传教育，面向广大学生普及安全知识技能，强化安全意识素质，做到从早抓起、从小抓起。

（1）要有授课。将安全教育内容纳入各学校教育教学计划，幼儿园及中小学要保证安全教育时间，每次家长会固定安排有针对性的安全宣传教育内容；鼓励中学、中等职业学校和高等学校开设安全选修课或安全知识讲座。

（2）要有氛围。在校园宣传栏、校报校刊、黑板报、网站和“两微一端”等设立安全专栏，定期更新；利用校园广播、电子显示屏等平台循环播放安全知识和安全提示；在走廊、教室、食堂、学生公寓、实习实训场地等场所醒目位置张贴安全提示标语。

（3）要有资料。向学生发放校园安全知识资料，在图书馆、活动室和校园网设立安全角，提供安全知识读物借阅和电子资料下载服务。

（4）要有人员。鼓励和支持学校相关部门人员、党员干部、有专业所长的人员积极投身安全宣传教育工作，建设一定数量的专兼职结合的安全宣传教育队伍。

（5）要有训练。注重学生参与互动，每学期至少组织一次地震、火灾和防踩踏疏散等安全应急演练；积极创建“平安校园”，以学生为主体，开展寓教于乐的安全宣传教育活动。

（6）要有考核。结合学校实际情况，定期组织针对教师职工的安全知识及应急处置能力考核和针对学生的安全知识测试。

3、安全生产宣传教育“进机关”基本规范

要通过加强机关安全生产宣传教育，推动地方各级党委、政府牢固树立发展决不能以牺牲安全为代价的红线意识，落实“党政同责、一岗双责、齐抓共管、失职追责”的有关要求，提升机关党员干部自身安全生产理论业务水平。

（1）要有培训。将习近平总书记关于安全生产的重要讲话精神纳入各级党委（党组）中心组学习内容，将安全生产宣传教育纳入机关宣传教育和日常培训的重要内容，定期邀请专家、学者对本机关工作人员开展安全生产专题讲座。

（2）要有氛围。在机关宣传栏、橱窗、食堂等场所张贴安全生产宣传教育系列挂图和宣传画，在电子屏循环播放安全宣传片和安全提示。

（3）要有专栏。在机关主管主办的相关行业报刊、政府网站和“两微一端”中开设安全生产专题，及时宣传报道安全生产方针政策、法律法规、相关行业领域工作举措等。

（4）要有示范。机关单位要带头营造良好的机关安全生产宣传教育和文化氛围，特别是窗口和服务性单位应充分发挥良好的示范带头作用，切实加强安全生产宣传教育和文化氛围的营造。

（5）是有保障。机关单位要明确负责本单位安全生产宣传教育工作的部门，明确责任人员，保障工作经费。

4、安全生产宣传教育"进社区"基本规范

要通过加强社区安全生产宣传教育，促进广大社区居民将"生命至上、安全第一"转化为强烈的自觉意识，有效提升社区这一社会最小细胞的安全运行水平。

（1）要有氛围。在社区、住宅小区因地制宜设置安全生产宣传栏、橱窗，在小区楼宇电视、户外显示屏等经常性播放安全常识和安全提示。

（2）要有人员。从社区居委会、老年协会等选取熟悉社区和居民状况的人员担任专兼职安全宣传员，组织建设安全宣教志愿者队伍。

（3）要有资料。编印发放《社区安全知识手册》，内容涵盖居家出行、用电用气、装修装饰、企业生产等方面的宣传资料。

（4）要有活动。鼓励社区民间文艺爱好者开展安全文艺创作，定期组织送安全文艺节目进社区等活动。

（5）要有演练。结合本地区和社区实际，定期开展火灾、地震等安全应急演练。推动建设社区安全宣教体验馆，开展社区性、综合性、体验性培训和警示教育。

5、安全生产宣传教育"进农村"基本规范

要通过加强农村安全生产宣传教育，进一步提升广大农民安全意识和安全素质，为乡村振兴战略提供有力的安全生产支撑和保障。

（1）要有氛围。在村社公共场所设置安全生产宣传橱窗，张贴安全宣传画和标语。

（2）要有载体。利用农村社区综合服务设施、村文化活动站、学习室、广播等，开展经常性安全宣传教育。

（3）要有人员。鼓励支持本地党员和热心村民担任安全宣传员；发挥挂职干部、大学生村官、支教教师等队伍的作用，调动其在工作之余兼任安全宣传员。

（4）要有活动。依托志愿者队伍等社会组织定期到农村开展安全宣教活动、提供咨询服务；定期开展群众喜闻乐见的安全生产文艺作品创作和演出，定期开展建筑施工、道路交通、水上交通安全知识宣讲和防灭火应急演练。

（5）要有侧重。摸清底数，重点加强对即将赴城市务工青壮年的安全宣传教育，强化安全意识、普及基本安全技能；加强对留守老人、儿童的安全宣传教育，普及道路交通、水上交通、火灾等方面安全知识，在村民经常性停留或活动的存在安全风险的区域设置警示标语。

6、安全生产宣传教育“进家庭”基本规范

要通过加强家庭安全生产宣传教育，推动形成有效的安全生产社会治理和良好的安全生产社会秩序。

（1）要有资料。编印发放《家庭安全知识手册》。

（2）要有活动。与安全宣传教育“进学校”相结合，组织开展“小手牵大手”“我给爸爸妈妈讲安全”“我把安全带回家”等活动；定期开展家庭燃气、用电和防火等安全知识宣讲。

（3）要有载体。广泛开展“文明家庭”“平安家庭”等创建活动；通过当地电视台制作播出与生活息息相关的安全专题节目或安全公益广告。

（4）要有技能。通过多种渠道面向家庭普及高楼火灾、交通意外、地震等应急安全逃生技能。

7、安全生产宣传教育“进公共场所”基本规范

要通过加强公共场所安全生产宣传教育，提升社会公众安全防范意识、应急避险和自救互救能力，预防和减少公共安全事故及群死群伤事故发生。

（1）要有氛围。在商场、景区、商业街、火车站、机场、汽车站等人员密集场所，以及高速公路路口、收费站、服务区，过街天桥、道路隔离带、护栏等重要地段，悬挂安全宣传横幅、标语，在电子显示屏播放安全宣传片和安全警示提示。

（2）要有场所。建设安全示范街道、安全文化广场、安全主题公园、安全文化长廊、安全科普体验馆等，开发寓教于乐的安全体验项目。

（3）要有演练。组织商场、影院等公共场所工作人员每年至少开展一次防地震、火灾、踩踏等突发事件的应急演练。

（4）要有公益广告。商场、市场、影院等场所要滚动播放安全生产公益广告，普及消防、交通、高危作业等安全知识，促进提高居民应急避险和自救互救能力。

第七章

突发事件应对和现场处置

第一节 突发事件概念及分类

突发事件，是指突然发生，造成或者可能造成严重社会危害，需要采取应急处置措施予以应对的自然灾害、事故灾难、公共卫生事件和社会安全事件。

（1）自然灾害：主要包括水旱灾害、气象灾害、地震灾－害、地质灾害、海洋灾害、生物灾害和森林草原火灾等。

（2）事故灾难：主要包括工矿商贸等企业的各类安全事故、交通运输事故、公共设施和设备事故、环境污染和生态破坏事件等。

（3）公共卫生事件：主要包括传染病疫情、群体性不明原因疾病、食品安全和职业危害、动物疫情，以及其他严重影响公众健康和生命安全的事件。

（4）社会安全事件：主要包括恐怖袭击事件、经济安全事件和涉外突发事件等。

按照社会危害程度、影响范围等因素，自然灾害、事故灾难、公共卫生事件分为特别重大、重大、较大和一般四级。其中可以预警的自然灾害、事故灾难和公共卫生事件的预警级别，按照突发事件发生的紧急程度、发展势态和可能造成的危害程度分为一级、二级、三级和四级，分别用红色、橙色、黄色和蓝色标示，一级为最高级别。

第二节 应急预案编制与演练

应急预案，是指各级人民政府及其部门、基层组织、企事业单位、社会团体等为依法、迅速、科学、有序应对突发事件，最大程度减少突发事件及其造成的损害而预先制定的工作方案。根据《突发事件应急预案管理办法》（国办发〔2013〕101号）规定，单位和基层组织应急预案由机关、企业、事业单位、社会团体和居委会、村委会等法人和基层组织制定。

1、应急预案编制

（1）成立预案编制工作小组。应本着多方参与的原则，吸收所涉及的主要事件、次生衍生事件处置责任单位和相关保障单位组成编制工作小组，共同参与编制工作；编制工作小组组长应由基层主要负责人担任。

（2）开展风险评估和应急资源调查。应急预案应在开展风险评估和应急能力评估的基础上开展编制工作。

①风险评估。针对突发事件特点，识别事件的危害因素，分析事件可能产生的直接后果以及次生、衍生后果，评估各种后果的危害程度，提出控制风险、治理隐患的措施。

②应急资源调查。全面调查基层第一时间可调用的应急队伍、装备、物资、场所等应急资源状况和合作区域内可请求援助的应急资源状况，必要时对本地居民应急资源情况进行调查，为制定应急响应措施提供依据。

（3）应急预案主要内容。主要包括：

①应急响应责任人。

②风险隐患监测。

③信息报告。

④预警响应。

⑤应急处置。

⑥人员疏散撤离组织和路线；

⑦可调用或可请求援助的应急资源情况及如何实施等。

（4）应急预案的内容要求。主要包括：

①符合国家及省市相关法律法规。

②符合市总体应急预案及基层应急预案。

③符合基层实际情况和突发事件应对工作需要。

④基本要素齐全。

⑤与乡镇（街道）相关应急预案的衔接，在次生、衍生事件方面做好与相关应急预案之间的工作衔接。

⑥文字简洁规范，符合国家行政机关公文处理的相关要求。

2、应急预案演练

《突发事件应对法》规定，居民委员会、村民委员会应当根据所在地人民政府的要求，结合各自的实际情况，开展有关突发事件应急知识的宣传普及活动和必要的应急演练。应急演练实施基本流程包括计划、准备、实施、评估总结、改进等五个阶段。

（1）计划阶段。基层依据年度应急演练工作规划，在每次开展应急演练前提出工作计划，报请有关领导审批的阶段。主要任务是梳理开展应急演练的需求，确定任务，提出应急演练基本构想与初步安排，起草应急演练工作计划并报批等。其中，滨海台风灾害高危区的基层须举行至少一次三防应急演练，以检验、改善和强化三防应急能力。

（2）准备阶段。应急演练工作规划报请有关领导批准后至应急演练正式实施前的阶段。主要任务是成立应急演练组织机构，起草应急演练工作方案，编制应急演练工作脚本，做好人员与技术等各项保障准备工作，制定应急演练评估工作方案，进行必要的培训和预演等。

（3）实施阶段。正式应急演练开始至结束的阶段，主要任务是提前检查装备与通信器材，进行情况说明与动员，按照应急演练工作方案，启动应急演练，有序推进各个场景，完成各项应急演练活动，妥善处理各类突发情况，宣布结束与意外终止应急演练，并开展现场点评等。

（4）评估总结阶段。应急演练结束后至完成总结报告的阶段，主要任务是客观评价应急能力，查找问题不足，全面分析应急演练取得的效果等。

（5）改进阶段。召开应急演练总结会后，对照应急演练工作中暴露出的问题，进行改进提高的阶段。主要任务是改进自身工作，明确近期、中期与远期的改进工作任务，修订完善应急预案，进行督查与反馈等。

第三节 常见安全事故应急处置与疏散

1、火灾应急处置与逃生

（1）发生火灾时，立即打电话报警，拨打号码“119”火警电话；119免收电话费，投币、磁卡等公用电话均可直接拨打，在手机欠费的情况下也都可以拨打。

（2）电话接通后，必须准确报出失火方位（尽量使用普通话避免地方方言产生误解）。如果不知道失火地点名称，也应尽可能说清楚周围明显的标志，如建筑物等。尽量讲清楚起火部位、着火物资、火势大小、是否有人被困等情况。应在消防车到达现场前设法扑灭初起火灾，以免火势扩大蔓延。扑救时需注意自身安全。同时要留下有效联系电话，最好能够派人到路口接应消防队员，指引通往火场的道路。

（3）公安消防队扑救火灾完全属于义务行为，不向发生火灾的单位、个人收取任何费用。甚至对火警以外的紧急救助也是免费的。火灾报警早，损失少，消防灭火不收钱，但是应注意正确报火警，谎报火警是违法行为。

特别提示：119 不仅是火警电话，还参加其他灾害或事故的抢险救援工作，包括：各种危险化学品泄漏事故的救援；水灾、风灾、地震等重大自然灾害的抢险救灾；空难及重大事故的抢险救援；建筑物倒塌事故的抢险救援；恐怖袭击等突发性事件的应急救援；单位和群众遇险求助时的救援救助等。

火场上逃生有以下主要方法：

（1）立即离开危险地区。一旦在火场上发现或意识到自己可能被烟火围困，生命受到威胁时，要立即放下手中的工作，争分夺秒，设法脱险，切不可延误逃生良机。

脱险时，应尽量观察，判明火势情况，明确自己所处环境的危险程度，以便采取相应的逃生措施和方法。

（2）选择简便、安全的通道和疏散设施。逃生路线的选择，应根据火势情况，优先选择最简便、最安全的通道和疏散设施。如楼房着火时，首先选择安全疏散楼梯、室外疏散楼梯、普通楼梯、消防电梯等。尤其是防烟楼梯、室外疏散楼梯，更安全可靠，在火灾逃生时，应充分利用。

如果以上通道被烟火封锁，又无其他器材救生时，可考虑利用建筑的阳台、窗口、屋顶、落水管、避雷线等脱险。但应注意查看落水管、避雷线是否牢固，防止人体攀附上以后断裂脱落造成伤亡。

（3）准备简易防护器材。逃生人员多数要经过充满烟雾的路线，才能离开危险区域。如果浓烟呛得人透不过气来，可用湿毛巾、湿口罩捂住口鼻。无水时干毛巾、干口罩也可以。在穿过烟雾区时，除用毛巾、口罩捂住口鼻，还应将身体尽量贴近地面或爬行穿过险区。

如果门窗、通道、楼梯等已被烟火封锁，冲出险区有危险时，可向头部、身上浇些冷水或用湿毛巾等将头部包好，用湿棉被、湿毯子将身体裹好或穿上阻燃的衣服，再冲出险区。

（4）自制简易救生绳索，切勿跳楼。当各通道全部被烟火封死时，应保持镇静。可利用各种结实的绳索，如无绳索可用被褥、衣服、床单，或结实的窗帘布等物撕成条，拧好成绳。拴在牢固的窗框、床架或其他室内的牢固物体上，然后沿绳缓慢下滑到地面或下层的楼层内而顺利逃生。

如果被烟火困在二层楼内，在没有救生器材逃生或得不到救助而万不得已的情况下，有些人也可以跳楼逃生。但跳楼之前，应先向地面扔一些棉被、床垫等柔软物品，然后用手扒住窗台或阳台，身体下垂，自然下落。这样可以缩短距离，更好地保护人身安全。

（5）创造避难场所。当我们被困在房间里时，应关紧迎火的门窗，打开背火的门窗，但不能打碎玻璃，要是窗外有烟进来时，还要关上窗子。如门窗缝隙或其他孔洞有烟进来时，应该用湿毛巾、湿床单等物品堵住或挂上湿棉被等难燃或不燃的物品，并不断向物品上和门窗上洒水，最后向地面洒水，并淋湿房间的一切可燃物，直到消防队到来，救助脱险。

2、火灾现场紧急疏散

在火灾初期的现场，由于浓烟阻挡了视线，使受害者晕头转向；缺氧，使受害者呼吸困难，反应迟钝；毒气，使受害者中毒或神经系统麻痹而失去理智；热气流和高温使受害者无所适从，受害者感到大难临头，惊慌失措，争相逃命，互相拥挤践踏，这是造成大量人员伤亡的原因。所以为减少人员集中场所火灾中的人员伤亡，在火灾初期阶段，应采取有效的疏散措施。具体方法有以下几个方面：

（1）有组织地疏散。在人员集中的场所发生火灾，为帮助受火势威胁的人员有秩序地脱离险区，必须有组织地进行疏散，才能避免混乱，减少人员伤亡。在平时有关单位就应和消防部门进行研究，拟定抢救疏散计划，提出在火灾情况下稳定群众情绪的措施，对工作人员按不同区域提出任务和要求，规定疏散路线和疏散出口，并画出疏散人员示意图和进行演练。一旦发生火灾时，应按计划进行组织疏散。在消防队未到达火场之前，着火单位的领导和工作人员，就是疏散人员的领导者和组织者。在火场上受火势威胁的人员，必须服从领导听从指挥，使火场有组织有秩序地进行疏散。当公安消防队到达火场后，由公安消防队组织指挥。着火单位的领导和工作人员应主动向公安消防队汇报火场情况，积极协助公安消防队，做好疏散抢救工作。

（2）正确通报，防止混乱。在人员集中场所的火灾初期阶段，当人们还不知道发生火灾时，而且人员多，疏散条件差，火势发展比较缓慢的情况下，失火单位的领导和工作人员，应首先通知出口附近或最不利区域内的人员，让他们先疏散出去，然后视情况公开通报，告诉其他人员疏散。在火势猛烈，并且疏散条件较好时，可同时公开通报，让全部人员疏散。

（3）疏散引导。人员集中场所火灾，由于人们急于逃生的心理作用，起火后可能会一起拥向有明显标志的出口，造成拥挤混乱。此时，单位的领导和工作人员要设法引导疏散，为人们指明各种疏散通道，使人们有条不紊地安全疏散。具体方法有：语言引导、掩护疏导。

（4）制止脱险者重返火场内。对疏散出来的人员，要加强脱险后的管理。由于受灾的人员脱离危险后，随着对自己生命威胁程度的减小，转而对财产和未逃离危险区域的亲人生命担心程度增加了。此时，逃离危险区的人员有可能重新返回火场内，去抢救财物和亲人。这样有可能遇到新的危险，造成疏散的混乱，妨碍救人和灭火。因此，对已疏散到安全区域的人员，要加强管理，禁止他们危险地行动，必要时应在建筑物内外的关键部位配备警戒人员。

3、机械伤害事故现场应急处置

（1）遵循“先救命、后救肢”的原则，优先处理颅脑伤、胸伤、肝、脾破裂等危及生命的内脏伤，然后处理肢体出血、骨折等伤。

（2）检查伤者呼吸道是否被舌头、分泌物或其他异物堵塞。

（3）如果呼吸已经停止，立即实施人工呼吸；如果脉搏不存在，心脏停止跳动，立即进行心肺复苏；如果伤者出血，进行必要的止血及包扎。

（4）大多数伤员可以毫无顾忌地抬送医院，但对于颈部背部严重受损者要慎重，以防止其进一步受伤。

（5）让患者平卧并保持安静，如有呕吐，同时无颈部骨折时，应将其头部侧向一边以防止噎塞。

（6）动作轻缓地检查患者，必要时剪开其衣服，避免突然挪动增加患者痛苦。

（7）救护人员既要安慰患者，自己也应尽量保持镇静，以消除患者的恐惧。

（8）不要给昏迷或半昏迷者喝水，以防液体进入呼吸道而导致窒息，也不要用拍击或摇动的方式试图唤醒昏迷者。

4、烧（烫）伤事故现场应急处置

发生烫伤、烧伤时，应沉着冷静，若周围无其他人时，应立即自救，首先把烧着或被沸液浸渍的衣服迅速脱下；若一时难以脱下时，应就地慢滚动到水龙头下或水池边，用水来浇或跳入水池；周围无水源时，应用手边的材料覆盖着火处，防止火势扩散。自救时切忌乱跑，也不要用手扑打火焰，以免引起面部。呼吸道和双手烧伤。

（1）小面积或轻度烧（烫）伤。首先，立即将伤肢用冷水冲淋或浸泡在冷水中，以减低温度减轻疼痛与肿胀，如果局部烧（烫）伤较脏和被污染时，可用肥皂水冲洗，但不可用力擦洗。如果眼睛被烧伤，则将面部浸入冷水中，并做睁眼、闭眼活动浸泡时间至少10分钟以上。如果是身体躯干烧伤，无法用冷水浸泡时，则可用冷湿毛巾敷患处。

其次，患处冷却后，用灭菌纱布或干净布巾覆盖包扎。视情况待其自愈或转送医院作进一步治疗。注意不要用紫药水、红药水、消炎粉等药物。

（2）大面积或重度烧伤。局部冷却后对创面覆盖包扎。包扎时要稍加压力，紧贴创面，不留空腔。如烧（烫）伤后出现水泡破裂，又有脏物，可用生理盐水（冷开水）冲洗，并保护创面，包扎时范围大些，防止污染伤口。

①注意保持呼吸道通畅（因可能伴有呼吸道烧伤）。

②注意及时对休克伤员的抢救。

③注意处理其他严重损伤，如止血、骨折固定等。

④在救护的同时迅速转送医院治疗。

（3）呼吸道烧（烫）伤害。呼吸道烧伤的主要症状：

①呼吸道烧伤一般都有面颈部烧伤。

②咽喉肿痛、声音嘶哑。

③因呼吸道黏膜充血水肿，出现呼吸梗阻表现，严重者可引起窒息。

④可咳出大量粉红色泡沫痰。

呼吸道烧伤的抢救：

①保持呼吸道通畅，情况紧急时可行环甲膜穿刺或切开。必要时和有条件时可行气管切开。

②颈部用冰袋冷敷，口内也可含冰块，以期收缩局部血管，减轻呼吸道梗阻。

③立即迅速转送医院作进一步抢救。

5、高处坠落事故现场应急处置

发生高处坠落事故后，救援的重点放在对休克、骨折和出血的处理上：

（1）发生高处坠落事故，应马上组织抢救伤者，首先观察伤者的受伤情况、部位、伤害性质，如伤员发生休克现象应先处理。遇呼吸、心跳停止者，应立即进行人工呼吸，胸外心脏挤压。对处于休克状态的伤员，要让其安静、保暖、平卧、少动，并将其下肢抬高约 20 度左右，尽快送医院进行抢救治疗。

（2）出现颅脑外伤现象，必须维持伤者呼吸道通畅。昏迷者应平卧，面部转向一侧，以防其舌根下坠或将分泌物、呕吐物吸入，发生喉阻塞。有骨折者，应初步固定后再搬运。遇有凹陷骨折、严重的颅底骨折及严重的脑损伤伤员，在创伤处用消毒的纱布或清洁布等覆盖伤口，用绷带或布条包扎，及时送到就近有条件的医院治疗。

（3）发现脊椎受伤者，创伤处用消毒的纱布或清洁布等覆盖伤口，用绷带或布条包扎。搬运时，将伤者平卧放在硬板上，以免受伤的脊椎移位、断裂造成截瘫，导致死亡，抢救脊椎受伤者的搬运过程，严禁只抬伤者的两肩与两腿或单肩背运。

（4）发现伤者手足骨折，不要盲目搬运伤者。应在骨折部位用夹板把受伤位置临时固定，使断端不再移位或刺伤肌肉、神经或血管。固定方法：以固定骨折处上下关节为原则，可就地取材，用木板、竹头等，在无材料的情况下，上肢可固定在身侧，下肢与健侧下肢缚在一起。

（5）遇有创伤性出血的伤员，应迅速包扎止血，使伤员保持在头低脚高的卧位，并注意保暖。正确的现场止血处理措施是：

①一般小伤口的止血法：先用生理盐水（0.9% 氯化钠溶液）冲洗伤口，涂上红汞水，然后盖上消毒纱布，用绷带较紧地包扎。

②加压包扎止血法：用纱布、棉花等做成软垫，放在伤口上再加包扎，来增强压力而达到止血的目的。

③止血带止血法：选择弹性好的橡皮管、橡皮带或三角巾、毛巾、带状布条等，上肢出血结扎在上臂上 1/2 处（靠近心脏位置），下肢出血结扎在大腿上 1/2 处（靠近心脏位置）。结扎时，在止血带与皮肤之间垫上消毒纱布棉纱，每隔 25 ~ 40 分钟放松一次，每次放松 0.5 ~ 1 分钟。

（6）动用最快的交通工具或其他措施，及时把伤者送往邻近医院抢救，运送途中应尽量减少颠簸。同时，密切注意伤者的呼吸、脉搏、血压及伤口的情况。

6、中毒事故现场应急处置与逃生

（1）确定发生有毒有害气体灾害后，应迅速按顺序撤离。

（2）险情发生时，除各重要岗位工人及抢险人员外，其他受灾人员和受威胁地点人员应全部撤出井硐。

（3）按作业规程规定的避灾路线行动。

（4）处于有毒有害气体灾害的进风侧时，要迎新风流方向撤退。

（5）位于有毒有害气体灾害的回风侧时，要充分利用好自救器，选近路到新风流。

（6）无法撤退时，就近进入避难处，等待营救。

（7）为防止风流紊乱、短路，各通风设施要保持良好正常使用，未经救灾指挥部许可不得破坏。

7、危险化学品事故现场应急自救

（1）一般大型化工爆炸可能会遇到的问题。分别为：离爆炸处相对远的位置：因冲击波导致的划伤、摔伤、出血；未知的爆炸物伤害、二次爆炸、以及可能存在的有毒烟雾；大量人群转移导致的交通拥堵、短期内大量通讯导致的暂时性通讯中断。

（2）建议应急处理方案。离爆炸区较近的人：如果不是EHS（环境、健康、安全）专员，第一时间撤离而不是冲上去灭你搞不定的火。撤离时如有余力可以看一下附近是否有需要帮助的人，提醒或协助一起撤离。撤离时注意弯腰前行、上风口方向绕行爆炸物、如有浓烟湿毛巾或防毒面具遮住口鼻、避免乘坐电梯扶梯。出来后及时报警，如有可能提供爆炸区域位置、爆炸物信息、储量、附近储存物品信息，方便消防部门采用更有效的方案。

离爆炸区较远的人：不是所有爆炸带出的气体都是危险的。这个更多取决于爆炸物的成分、总量、距离、风向等等。实际上很多离爆炸区域有一定距离的地方是不需要撤离的。第一时间关好门窗，不要出去看热闹。打开电视和广播到本地电台或节目、手机放在身边接受应急短信。如果发现有刺激性气味、距离爆炸点较近且处于下风口、接到小区、EHS专员等组织的撤离通知后及时撤离。

撤离时原则上是上风口方向，但是，不要正对着爆炸区域走过去！这时候要绕过爆炸区域和有气体污染的区域。如果离得不是很近了，向侧面走也是可以的，重要的是离开污染区和未来潜在的污染区。

8、埋压挤压伤害事故现场急救

抢救受伤人员。对被重物压住或掩埋的人员，应尽快将其救出。对全身被压者应迅速将其刨出，刨时须注意不要误伤人体，根据伤员所处的方向，确定在其旁边进行挖掘。当靠近伤员身旁，刨掘动作要轻、稳、准，以免不慎对伤员造成伤害。如确知伤员头部位置，则应先挖掘头部的石块或煤块，使被埋者头部尽早露出呼吸空气。头部挖出后，要立即清理其口腔、鼻腔，并给予氧气吸入。与此同时，挖出身体其他部位。当人全部挖出时，应立即将其抬离现场。由于此类伤员往往发生骨折，因此，抬动时要特别小心，严禁用手去拖拉伤员的双脚或使用其他粗鲁动作，以免加重伤势。

现场急救方法如下：

（1）对呼吸困难或已停止者，如其胸部、背部有损伤，立即进行口对口人工呼吸或用自动苏生器进行抢救，人工呼吸前，应再次清理口、鼻腔的污物。

（2）有大出血者，应立即止血。

（3）有骨折者，应固定。

（4）伤员若长时间被压，处于饥饿状态，救出后，可先给予适量的糖水饮料。

9、交通事故现场应急处置

（1）现场组织。临时组织救护小组，统一指挥，避免慌乱，要立即扑灭烈火或排除发生火灾的一切诱因，如熄灭发动机、关闭电源、搬开易燃物品，同时派人向急救中心呼救。指派人员负责保护肇事现场，维持秩序。开展自救互救，做好检伤分类，以便及时救护。

根据分类，分轻重缓急进行救护，对垂危病人及心跳停止者，立即进行心脏按压和口对口人工呼吸。对意识丧失者宜用手帕、手指清除伤员口鼻中泥土、呕吐物、假牙等，随后让伤员侧卧或俯卧。对出血者立即止血包扎。如发现开放性气胸，进行严密封闭包扎。伴呼吸困难张力性气胸，条件许可时，可在第二肋骨与锁骨中线交叉点行穿刺排气或放置引流管。骨折处进行固定。对呼吸困难、缺氧并有胸廓损伤、胸壁浮动（呼吸反常运动）者，应立即用衣物、棉垫等充填，并适当加压包扎，以限制浮动。

（2）正确搬运。不论在何种情况下，抢救人员特别要预防颈椎错位、脊髓损伤，须注意：

凡重伤员从车内搬动、移出前，首先应在地上放置颈托，或行颈部固定，以防颈椎错位，损伤脊髓，发生高位截瘫。一时无颈托，可用硬纸板、硬橡皮、厚的帆布，仿照颈托，剪成前后两片，用布条包扎固定。

对昏倒在坐椅上伤员，安放颈托后，可以将其颈及躯干一并固定在靠背上，然后拆卸座椅，与伤员一起搬出。

对抛离座位的危重、昏迷伤员，应原地上颈托，包扎伤口，再由数人按脊柱损伤的原则搬运伤员。动作要轻柔，腰臀部托住，搬运者用力要整齐一致，平放在木板或担架上。

（3）现场急救后伤员根据轻重缓急由急救车运送。千万不要现场拦车运送危重病人，否则由于其他车辆缺乏特殊抢救设备，伤员多半采用不正确半坐位、半卧位、歪侧卧位等而加重伤势，甚至死于途中。

10、人员密集场所事故现场的紧急处理原则

（1）遇到伤害事故发生时，不要惊慌失措，要保持镇静，并设法维持好现场的秩序。

（2）在周围环境不危及生命的条件下，一般不要随便搬动伤员。

（3）暂不要给伤员喝任何饮料和进食。

（4）如发生意外而现场无人时，应向周围大声呼救，请求来人帮助或设法联系有关部门，不要单独留下伤员而无人照管。

（5）遇到严重事故，灾害或中毒时，除急救呼叫外，还应立即向当地政府安全生产主管部门及卫生、防疫、公安等有关部门报告，报告现场在什么地方、伤员有多少、伤情

如何、做过什么处理等。

（6）对呼吸困难、窒息和心跳停止的伤员，立即将伤员头部置于后仰位，托起下颌，使呼吸道畅通，同时施行人工呼吸、胸外心脏按压等复苏操作，原地抢救。

11、人员密集场所紧急疏散方法

（1）广播指导疏散法。当公众聚集场所发生火灾后，要及时利用火灾事故广播系统指导人们疏散。通过明确发布疏散信息，讲清起火位置、范围、火势大小，指明疏散出入口通道位置、安全区、危险区等情况，让人们保持冷静，有秩序地及时疏散。发布的疏散通道，应选择那些人员通过流量大、安全可靠的疏散设施，以防被烟火堵住发生人员伤亡。

（2）协助组织疏散法。消防队到场后，场所正在组织疏散场内人员，尚有部分被困人员未疏散时，消防队应及时组织力量，参与到疏散被困人员之中，与场所领导或负责人共同组织指挥疏散工作。如果疏散工作任务很大，应及时开辟新的疏散通道，采取内攻和外攻相结合的方法，尽快疏散出被困人员。

（3）内部引导疏散法。消防队到场后，场所没有组织疏散人员，此时建筑内疏散通道、安全出口尚未被烟火封锁，消防员要抓住有利时机，迅速派出若干疏散小组，深入建筑内部采取引导疏散的方法，引导被困人员通过疏散通道或安全出口，及时逃离危险区域安全逃生。引导疏散时，应按先着火层，后着火层的上层，最后着火层的下层；先行动不便者和老弱病残、儿童，后行动便利者和青壮年的顺序进行有序疏散，避免被疏散人员发生拥挤、争抢而导致事故。

（4）直接疏散法。所谓直接疏散法，是指将被困人员直接疏散到室外的安全地方。在组织疏散人员时，如果条件允许，最好选择直接疏散法，这样一次性将被困人员疏散到最安全的地方，不需要再次组织力量疏散转移，既确保被疏散人员的安全，又节省大量的灭火救援力量，为灭火争取时间，此法在疏散被困人员时应首选。

（5）转移疏散法。所谓转移疏散法，是指由于疏散通道或安全出口被烟火封锁，将被困人员先疏散到附近的安全地带临时避险，等待时机再转移疏散到室外的安全地方。因为现场条件不允许，如果采取直接疏散法，烟气可能会对被疏散人员的人身安全造成威胁，因而应采取转移疏散法，变直接疏散为间接疏散，以确保被疏散人员的安全。

12、电梯意外的自救

电梯坠落自救：

（1）（不论有几层楼）赶快把每一层楼的按键都按下。当紧急电源启动时，电梯可以马上停止继续下坠。

（2）如果电梯内有手把，请一只手紧握手把。要固定你人所在的位子，以致于你不会因为重心不稳而摔伤。

（3）整个背部跟头部紧贴电梯内墙，呈一直线。要运用电梯墙壁作为脊椎的防护。

（4）膝盖呈弯曲姿势。因为韧带是唯一人体富含弹性的一个组织，所以借用膝盖弯曲来承受重击压力，比骨头来承受压力来的大。

（5）要把脚跟提起，就是垫脚。电梯中人少的话最好要把两臂展开握住扶手或贴电梯壁。

被困电梯如何自救：

（1）保持镇定，并且安慰困在一起的人，向大家解释不会有危险，电梯不会掉下电梯槽。电梯槽有防坠安全装置，会牢牢夹住电梯两旁的钢轨，安全装置也不会失灵。

（2）利用警钟或对讲机、手机求援，如无警钟或对讲机，手机又失灵时，可拍门叫喊，如怕手痛，可脱下鞋子敲打，请求立刻找人来营救。

（3）如不能立刻找到电梯技工，可请外面的人打电话叫消防员。消防员通常会把电梯绞上或绞下到最接近的一层楼，然后打开门。就算停电，消防员也能用手动器，把电梯绞上绞下。

（4）如果外面没有受过训练的救援人员在场，不要自行爬出电梯。

（5）千万不要尝试强行推开电梯内门，即使能打开，也未必够得着外门，想要打开外门安全脱身当然更不行。电梯外壁的油垢还可能使人滑倒。

（6）电梯天花板若有紧急出口，也不要爬出去。出口板一旦打开，安全开关就使电梯煞住不动。但如果出口板意外关上，电梯就可能突然开动令人失去平衡，在漆黑的电梯槽里，可能被电梯的缆索绊倒，或因踩到油垢而滑倒，从电梯顶上掉下去。

（7）在深夜或周末下午被困在商业大厦的电梯，就有可能几小时甚至几天也没有人走近电梯。在这种情况下，最安全的做法是保持镇定，伺机求援。最好能忍受饥渴、闷热之苦，保住性命，注意倾听外面的动静，如有行人经过，设法引起他的注意。如果不行，就等到上班时间再拍门呼救。

13、踩踏事故应急避险

遭遇拥挤的人群：

（1）发觉拥挤的人群向着自己行走的方向拥来时，应该马上避到一旁，但是不要奔跑，以免摔倒。

（2）如果路边有商店、咖啡馆等可以暂时躲避的地方，可以暂避一时。切记不要逆着人流前进，那样非常容易被推倒在地。

（3）若身不由已陷入人群之中，一定要先稳住双脚。切记远离店铺的玻璃窗，以免因玻璃破碎而被扎伤。

（4）遭遇拥挤的人流时，一定不要采用体位前倾或者低重心的姿势，即便鞋子被踩掉，也不要贸然弯腰提鞋或系鞋带。

（5）如有可能，抓住一样坚固牢靠的东西，例如路灯柱之类，待人群过去后，迅速而镇静地离开现场。

出现混乱局面后应急措施：

（1）在拥挤的人群中，要时刻保持警惕，当发现有人情绪不对，或人群开始骚动时，就要做好准备保护自己和他人。

（2）此时脚下要敏感些，千万不能被绊倒，避免自己成为拥挤踩踏事件的诱发因素。

（3）当发现自己前面有人突然摔倒了，马上要停下脚步，同时大声呼救，告知后面的人不要向前靠近。

（4）如果你正带着孩子，要尽快把孩子抱起来，因为儿童身体矮小，力气小，面对拥挤混乱的人群，极易出现危险。

（5）若被推倒，要设法靠近墙壁。面向墙壁，身体蜷成球状，双手在颈后紧扣，以保护身体最脆弱的部位。

事故已经发生的应急措施：

（1）拥挤踩踏事故发生后，一方面赶快报警，等待救援，另一方面，在医务人员到达现场前，要抓紧时间用科学的方法开展自救和互救。

（2）在救治中，要遵循先救重伤者的原则。判断伤势的依据有：神志不清、呼之不应者伤势较重；脉搏急促而乏力者伤势较重；血压下降、瞳孔放大者伤势较重；有明显外伤，血流不止者伤势较重。

（3）当发现伤者呼吸、心跳停止时，要赶快做人工呼吸，辅之以胸外按压。

第四节　常见自然灾害应急避险与逃生

“只有绝望的人，没有绝望的处境”，面对灾害只要冷静机智运用自救与逃生知识，就能够拯救自己。

1、地震后如何自救与互救

避灾自救口诀

大震来时有预兆，地声地光地颤摇，虽然短短几十秒，做出判断最重要。

高层楼撤下，电梯不可搭，万一断电力，欲速则不达。

平房避震有讲究，是跑是留两可求，因地制宜做决断，错过时机诸事休。

次生灾害危害大，需要尽量预防它，电源燃气是隐患，震时及时关上闸。

强震颠簸站立难，就近躲避最明见，床下桌下小开间，伏而待定保安全。

震时火灾易发生，伏在地上要镇静，沾湿毛巾口鼻捂，弯腰匍匐逆风行。

震时开车太可怕，感觉有震快停下，赶紧就地来躲避，千万别在高桥下。

震后别急往家跑，余震发生不可少，万一赶上强余震，加重伤害受不了。

地震前后避灾自救措施见表 7–1。

表 7–1 地震前后避灾自救措施

项目	措施
地震发生前的避灾措施	* 家中应准备救急箱及灭火器，须留意灭火器的有效期限，并告知家人所储放的地方，了解使用方法。 * 知道瓦斯、自来水及电源安全阀如何开关。 * 家中高悬的物品应该绑牢，橱柜门窗宜锁紧。 * 重物不要放在高架上，拴牢笨重家具。 * 在任何地点都要了解所处的环境，并注意逃生路线。平时须做事发的演习。 * 若家人分散了，决定好何时何地会面。 * 不要在地震过后就立刻使用电话。 * 了解您孩子学校的作息时间，计划好在您无法去接他们时有何人会去接。 * 若您有家庭成员不会说汉语，替他们准备好书面的紧急卡，注明联络地址电话。 * 每半年与您的家人举行一次地震演习：蹲下（duck）、找寻保护物（cover）与冷静（hold）。 * 替您的重要文件资料（例如银行账号等）做备份放在安全的储物盒中，置于其他城镇。

续表

项目	措施
	* 地震前先打给当地的红十字会或相关机构，询问紧急的避难所及救护机构在何地。 * 准备多条家中的逃生路线，并保持这些地方没有障碍物。 * 了解最近的警察局及消防队在何地。 * 替你的有价物品做照片或影片备份。 * 将保姆或其他同住者纳入您的计划。 * 多准备一副眼镜及车钥匙摆在手边，准备一些现金及零钱在身边，以免停电时无法使用提款机。 * 事先找好家中安全避难处。
地震发生后的避灾自救措施	* 察看周围的人是否受伤，如有必要，予以急救，或协助伤员就医。 * 检查家中水、电、瓦斯管线有无损害，如发现瓦斯管有损，轻轻将门窗打开，立即离开并向有关部门报告。 * 打开收音机，收听紧急情况指示及灾情报导。 * 检查房屋结构受损情况，尽快离开受损建筑物。 * 尽可能穿着皮鞋、皮靴，以防震碎的玻璃及碎物弄伤腿脚。 * 保持救灾道路畅通，徒步避难。 * 听从紧急救援人员的指示疏散。 * 远离海滩、港口以防海啸的侵袭。 * 地震灾区，除非经过许可，请勿进入，并应严防歹徒趁机掠夺。 * 注意余震的发生。

2、遇到暴雨的避险措施

发生暴雨时，住楼居民应立即关好门窗并避开有金属管道的地方，同时切断家用电器电源，千万不要在高楼阳台上逗留。低洼院落、平房或是地下室进水了，此时应首先切断电源，防止触电，然后将一般人员转移到安全地区，最后采取一切有效办法，将水挡于门外，并排除室内积水。

如在街上遇到雷雨大风，行人应立即到室内避雨，千万不要在高楼下停留，也不要在大型广告牌下躲雨或停留，以免物品坠落砸伤。

如果此时正在湖边或河边散步，应在低洼地方蹲下，双臂抱膝，双腿靠拢，胸口紧贴膝盖，尽量低下头，切忌用手接触地面、在大树下躲避雷雨、靠近水面、使用手机等。

3、寒冷天气应急避险

（1）当气温骤降时，要注意添衣保暖，特别是要注意手、脸（口与鼻部）的保暖。

（2）特别关注心脑血管疾病患者、哮喘病人等对气温变化敏感人群，出现异常病状立即就医。

（3）注意休息，不要过度疲劳。

（4）采用煤炉取暖的居民要仔细检查，提防煤气中毒，一旦发生意外，立刻采取措施。

4、泥石流应急避险

泥石流以极快的速度发出巨大的声响并穿过狭窄的山谷，倾泻而下。它所到之处，墙倒屋塌，一切物体都会被厚重黏稠的泥石所覆盖。

山坡、斜坡的岩石或土体在重力作用下，失去原有稳定性而整体滑坡。遇到泥石流或山体滑坡灾害，采取脱险逃生的办法有：

（1）沿山谷徒步行走时，一旦遭遇大雨，发现山谷有异常声音或听到警报时，要立即向坚固的高地或泥石流的旁侧山坡跑去，不要在谷地停留。

（2）一定要设法从房屋里跑出来，到开阔地带，尽可能防止被埋压。

（3）发生泥石流后，要马上朝与泥石流成垂直方向一边的山坡上面爬，爬得越高越好，跑得越快越好，绝对不能朝泥石流的流动方向走。发生山体滑坡时，同样要朝垂直于滑坡的方向逃生。

（4）要选择平整的高地作为营地，尽可能避开有滚石和大量堆积物的山坡下面，不要在山谷和河沟底部扎营。

5、雾霾天气应急避险

（1）雾天行车应及时打开雾灯、示廓灯、危险报警闪光灯或近光灯，不要使用远光灯，保持安全车距，不要超车。

（2）驾车时应与前车保持安全距离，降低车速，如需减速应缓慢放松油门，连续轻踩制动，防止碰撞、刮擦和追尾事故发生。

（3）如在高速公路上突遇浓雾，高速公路能见度小于50米时，车速不得超过每小时20公里，并从最近的出口尽快驶离高速公路。

（4）最好不要在雾中晨练，更不要在雾中剧烈运动。

（5）年老体弱者、心血管及呼吸道疾病患者以及幼儿应减少外出。

（6）不得不外出最好戴上棉质口罩。

第五节　常见预警信息及其图形符号

预警信息是针对突发事件而言的。其中，突发事件是指突然发生，造成或者可能造成严重社会危害，需要采取应急处置措施予以应对的自然灾害、事故灾难、公共卫生事件和社会安全事件。按照社会危害程度、影响范围等因素，自然灾害、事故灾难、公共卫生事件分为特别重大、重大、较大和一般四级。而预警信息是指在可能发生，可能造成严重社会危害，可以预警的自然灾害、事故灾难、公共卫生事件信息。

可以预警的自然灾害、事故灾难和公共卫生事件的预警级别，按照突发事件发生的紧急程度、发展势态和可能造成的危害程度分为一级、二级、三级和四级，分别用红色、橙色、黄色和蓝色标示，一级为最高级别。具体示例见表 7–2。

表 7–2 突发事件预警级别及方式

突发事件类别		预警级别	预警方式
自然灾害、事故灾难、公共卫生事件和社会安全事件四大类	危险化学品事故、矿山事故、烟花爆竹、地震、电力突发事件、空气重污染、城镇房屋安全突发事故、房屋拆迁群体性事件、轨道交通运营突发事件、高致病性禽流感疫情、大风、沙尘、高温、干旱、大雾、霾等 34 类	一级、二级、三级和四级，分别用红色、橙色、黄色和蓝色标示，一级为最高级	广播、电视、报刊、互联网等各类媒体，手机短信，电子显示屏，社区、农村现有广播、通讯设备等

表 7–3 红色、橙色、黄色和蓝色标示意义

颜色	等级	意义
●	蓝色等级（Ⅳ级）	预计将要发生一般（Ⅳ级）以上突发公共安全事件，事件即将临近，事态可能会扩大

续表

颜色	等级	意义
	黄色等级（III级）	预计将要发生较大（II级）以上突发公共安全事件，事件已经临近，事态有扩大的趋势
	橙色等级（II级）	预计将要发生重大（II级）以上突发公共安全事件，事件即将发生，事态正在逐步扩大
	红色等级（I级）	预计将要发生特别重大（I级）以上突发公共安全事件，事件会随时发生，事态正在不断蔓延

第六节 常见应急指示标志及图形符号

1、安全色

安全色是表达安全信息的颜色，表示禁止、警告、指令、提示等意义。正确使用安全色，可以使人员能够对威胁安全和健康的物体和环境作出尽快的反应；迅速发现或分辨安全标志，及时得到提醒，以防止事故、危害发生。

安全色用途广泛，如用于安全标志牌、交通标志牌、防护栏杆及机器上不准乱动的部位等。安全色的应用必须是以表示安全为目的和有规定的颜色范围。安全色应用红、蓝、黄、绿四种。其中，红色表示禁止、停止、消防和危险的意思；黄色表示注意、警告的意思；蓝色表示指令、必须遵守的规定；绿色表示通行、安全和提供信息的意思。

2、安全标志

安全标志是用以表达特定安全信息的标志，由图形符号、安全色、几何形状（边框）或文字构成。掌握常用应急相关的安全标志，对提高应急能力，减少安全事故发生有着重要的作用。常见安全标志见表7–4。

表 7-4 常见安全标志

	注意安全 Warning danger
	当心火灾 Warning fire
	当心触电 Warning electric shock
	安全出口 Emergent exit
	避险处 Haven

续表

	应急避难场所 Evacuation assembly point
	可动火区 Flare up region
	击碎板面 Break to obtain access
	急救点 First aid
	应急电话 Emergency telephone

续表

	紧急医疗站 Doctor

3、消防安全标志

（1）常见火灾报警装置、灭火设备标志如图 7-1 所示。

灭火器

消防水带

消防水泵接合器

消防手动启动器

地上消防栓

地下消防栓

消防梯

火警电话

图 7-1 常见火灾报警装置、灭火设备标志

（2）常见紧急疏散逃生标志如图 7–2 所示。

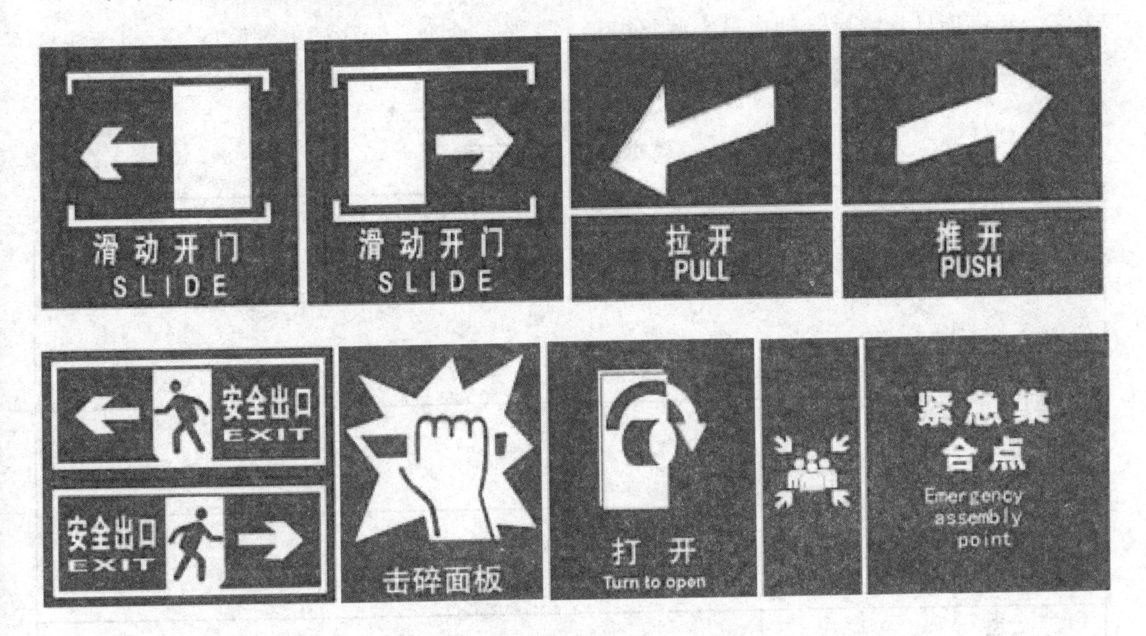

图 7–2 常见紧急疏散逃生标志

第七节 家用应急工具箱

灾难的发生总是让人猝不及防。“知道如何做”是我们保护自己、保护家人最好的准备和应尽的责任。我们可以按照以下几个步骤来建立个人和家庭的应急计划。

1、家庭应急四步走

（1）基本知识储备。了解本地区和家庭周围经常发生的灾害事件，知道如何帮助老人、孩子和残障人士，寻找家庭中的安全盲点，了解本地区、本社区、本单位和子女学校的应急方案，了解应对各种灾害事件的基本常识。

（2）制定应急方案。首先确定家庭成员集合处，了解住所周围疏散线路。简单画出家里各房间至所住楼层安全出口的撤离线路图，保证儿童一目了然。设定汇合地，防止突发事件造成联络中断，家人无法在短时间内汇合。最好有两处，一处是发生意外时可去的屋外安全地点，另一处是当发生意外难以到达第一处地点时，可去的本市某交通便捷地。

其次是确定家庭紧急联络人，在北京市和外市各选择一位“家庭紧急联络人”。这样，事故发生时，家庭成员可以通过此两位固定的联络人取得联系。

最后为每位家庭成员准备一张信息联络卡（老人和儿童尤其必需）。上面记录本人的名字、家庭地址、家庭其他成员、联络电话、年龄、血型、既往病史等信息。信息卡注意每年更新，并在工作单位和邻居家备份。

基本家庭应急方案

家庭成员集合处：
集合处电话：
地址：
家庭紧急联络人：
电话：

家庭成员信息卡

<table>
<tr><td>姓名</td><td colspan="2">年龄</td><td>血型</td></tr>
<tr><td colspan="2">家庭住址</td><td colspan="2">电话</td></tr>
<tr><td colspan="2">家庭其他成员</td><td colspan="2">电话</td></tr>
<tr><td colspan="2">家庭紧急联络人</td><td colspan="2">电话</td></tr>
<tr><td colspan="4">既往病史</td></tr>
</table>

注意：

①在家庭成员中普及安全知识。尤其要教会孩子急救常识，主要是如何拨打110报警电话等。

②将“家庭紧急联络人”的号码和常用报警号码贴在家中电话机上或近旁。

③和家庭成员一起讨论和完善家庭应急方案。

④妥善存放保险单、房契、合同、财产清单、存折等重要单据，并准备复印件。

⑤学习紧急救护常识和灭火器等使用方法。

（3）核对安全事项。家庭中通常存在许多安全盲点，请逐一核对您是否注意到了以下安全事项：

①在家中装设油烟警报器，注意安装位置和房间，尤其要重视卧室。

②不要在衣橱等高处堆放行李箱等重物，以免坠落砸伤人员。

③储存家庭应急物品并准备家庭应急包。

④参加灾难应对和急救知识培训班。

⑤针对不同灾难和事件，确定家庭中的避难点或“安全房间”。

⑥每半年给孩子们讲述一次安全知识，以免他们忘记。

⑦应在室内玻璃上粘贴胶纸，以防玻璃破碎飞溅造成意外伤害。

⑧让家人都知道电源总开关位置，并学会如何在紧急情况下切断总电源。

⑨家中勿堆积易燃物品。

⑩窗户应保持开关自如。

⑪ 每个房间都要找出两条逃生路线，如通过房门逃生或借助窗外管道逃生。

⑫ 检查家中电线有无老化、裸露甚至断裂等现象。

⑬ 厨房应备有灭火器，所有家庭成员须了解其使用方法。

⑭ 将家庭紧急联络人、消防队、派出所电话号码贴在靠近家中电话的地方。

⑮ 须在家中浴室地板平铺垫子或大毛巾，防止老人或儿童滑倒。

⑯ 灯具须远离窗帘、衣物等易燃物品。

⑰ 避免将盛水的花瓶、水杯等容器放置在电视机或影音器材上。

⑱ 排查家中其他的安全盲点。

（4）准备家庭应急箱。每个家庭都应准备一些必需的应急物品（至少够每个人用1天的食品和饮用水）并放置于箱内，以备不测之灾。家庭可按照表7-5储备应急箱中的日常用品。

表 7-5 家庭应急箱

物品	具体用量		备注
水	储备家庭使用的三天水量，以每人每天 4 升的标准储存（2 升用来饮用，2 升供准备食物和清洁卫生）		若有儿童、老人、病人则需加量；水须装在干净、密封、易携带的塑料瓶中； 每六个月更换一次储备用水； 条件允许的家庭可购买一套合格的便携式水净化过滤器
食品	即食食品	罐装肉、鱼、水果和蔬菜（手工启罐器），罐装果汁、牛奶、汤（如果为粉状或固体，还要另外准备水）	挑选不需冷藏、即开即食、少含或不含水分的固体食品，如饼干、面包、方便面等； 选择轻便易携带的食物； 为老人、幼儿和有特殊要求的人准备食品；为宠物准备食物
	富含能量的食物	花生油、果冻、麦片、坚果、牛肉干、干果、食物条	
	维生素和补品	维生素 C、E，促进免疫的药片、氨基酸等	
	缓解痛苦或压力的食品	饼干、方糖、加糖的谷类、速溶咖啡、茶叶	
	分类存放的调味品	糖、盐、胡椒粉	
应急工具	简易灭火器		定期更换
	应急逃生绳		承重力不小于 200 千克，绳直径为 25 毫米至 30 毫米，外裹阻燃材料

<table>
<tr><th>物品</th><th colspan="2">具体用量</th><th>备注</th></tr>
<tr><td rowspan="2">应急工具</td><td>简易防烟面具</td><td></td><td>当遭遇火警或遇到其他有害气体侵害时，取出面具戴在头上</td></tr>
<tr><td>其他工具</td><td></td><td>锤子、哨子、无线电收音机、电池、手电筒、针线、纸笔、地图、多用刀、防水火柴、蜡烛、铁杯、纸巾、录音机、毛巾、迷你灶、手套、指南针、太阳镜</td></tr>
<tr><td rowspan="3">卫生物品</td><td colspan="3">个人卫生用品（牙刷、牙膏、梳子、刮胡刀等）</td></tr>
<tr><td colspan="3">塑料袋（装垃圾）、塑料桶</td></tr>
<tr><td colspan="3">香皂、洗衣粉、厕纸</td></tr>
<tr><td>物品</td><td colspan="2">具体用量</td><td>备注</td></tr>
<tr><td rowspan="4">衣物</td><td colspan="3">每位家庭成员至少备有两套换洗衣物</td></tr>
<tr><td colspan="3">轻便结实耐磨的鞋子和舒适的袜子</td></tr>
<tr><td colspan="3">帽子、手套、内衣</td></tr>
<tr><td colspan="3">毯子和睡袋、雨衣</td></tr>
<tr><td rowspan="2">医药包</td><td>医用材料</td><td>药用棉花、药用火酒、四方形消毒纱布、绷带、胶布、剪刀、体温计、棉棒、安全别针</td><td rowspan="2">应该在家中或车里常备一个医药包，并保证家中成员都清楚医药包的位置和使用方法；
如果进行户外活动，也应该随身携带一个医药包以备不时之需</td></tr>
<tr><td>外用药</td><td>碘酒、眼药水、烫伤药膏、跌打膏药、消炎止痛药膏、创可贴</td></tr>
</table>

<table>
<tr><th>物品</th><th colspan="2">具体用量</th><th>备注</th></tr>
<tr><td rowspan="2">医药包</td><td>内服药</td><td>止泻药、退烧片、保心丸、止痛片、抗生素、催吐药、胃药</td><td rowspan="2">药箱要确保幼龄儿童不能打开；
定期更换药品，注意药品保质期</td></tr>
<tr><td>其他</td><td>消毒药水</td></tr>
<tr><td rowspan="4">特殊物品</td><td>婴儿用品</td><td colspan="2">尿布、奶瓶、奶粉及所需医药</td></tr>
<tr><td>大人用品</td><td colspan="2">药品、处方药、假牙及有关用品、眼镜、隐形眼镜及有关用品、个人梳洗用具</td></tr>
<tr><td>娱乐用品</td><td colspan="2">给孩子的游戏、书籍和无声的玩具</td></tr>
<tr><td>重要的家庭文件（装在密封防水的容器中，注意备份）</td><td colspan="2">（1）备份的汽车钥匙、现金、驾照、信用卡；
（2）遗嘱、保险单、合同、股票和基金；
（3）护照、社保卡、病历卡；
（4）银行账户号码、房产证；
（5）信用卡的号码、公司和客户服务电话；
（6）家庭记录（出生证明、结婚证明、死亡证明等）；
（7）家庭所有成员的近期照片和宠物照片</td></tr>
</table>

准备好家庭应急箱后应注意：

（1）将家庭应急箱放在方便易取之处，并告知所有家庭成员。

（2）上述各项物品须装在密封的塑料袋或容器中。

（3）每六个月更换一次储备的水和食物。

（4）每年都重新整理和添减相关物品。更换电池、衣物（尤其注意随季节进行调整）。

（5）听从医嘱准备适当的常用药品。

（6）将家庭计算机中的重要文件进行定期备份。

（7）箱中物品须防湿防潮。

（8）为婴儿、残障成员和宠物准备特别的应急包。

第八节 创伤急救常识

1、急救原则和步骤

现场急救，就是应用急救知识和简单的急救技术进行现场初级救生，最大限度上稳定伤病员的伤病情，减少并发症，维护伤病员的最基本的生命特征，现场急救是否及时和正确，关系到伤病员生命和伤害的结果。

（1）现场急救基本原则。

①遇到伤害发生时，不要惊慌失措，要保持镇静，并设法维护好现场秩序。

②在周围环境不会危及生命的情况下，不要随便搬运伤员。如需搬动伤员，必须遵守“三先三后”的原则：一是窒息（呼吸道完全堵塞）或心跳呼吸骤停的伤员，必须先进行人工呼吸或心脏复苏后再搬运；二是对出血伤员，先止血、后搬运；三是对骨折的伤员，先固定、后搬运。

③暂不要给伤员喝任何饮料或进食。

④根据伤情对伤员边分类边抢救，处理的原则是先重后轻，先急后缓，先近后远。

⑤对伤情稳定、估计转运中不会加重伤情的，应迅速组织人力，利用各种交通工具转运到最近的医疗单位或专科医院。

⑥现场抢救的一切行动必须服从统一指挥、不可各自为战。

（2）现场急救的关键。

现场急救的关键在于“及时”，人员受伤害后，2 min 内进行急救的成功率可达 70%，4 ~ 5 min 内进行急救的成功率可达 43%，15 min 以后进行急救的成功率则较低。据统计，现场创伤急救搞得好，可减少 20% 伤员的死亡。

（3）事故现场急救步骤。

①当出现事故后，迅速将伤者脱离危险区，若是触电事故，必须先切断电源；若为机械设备事故，必须先停止机械设备运转。

②初步检查伤员，判断其神志、呼吸是否有问题，视情况采取有效的止血、防止休克、包扎伤口、固定、保存好断离的器官或组织、预防感染、止痛等措施。

③施救同时请人呼叫救护车，并继续施救到救护人员到达现场接替为止。

④迅速上报上级有关领导和部门，以便采取更有效的救护措施。

（4）急救前的检查。

现场急救，必须了解伤者的主要伤情，对伤者进行必要的检查，特别是对重要的体征不能忽略遗漏，现场急救检查要抓住重点。

首先，要检查心脏跳动情况，心跳是生命的基本体征，正常人每分钟心跳 60 ~ 100 次，严重创伤、大出血等伤者，心跳增快，但力量较弱，摸脉搏时感觉脉搏细而快，每分钟心跳 120 次以上时多为早期休克。当人死亡时心跳停止。

其次，检查呼吸。呼吸也是生命的基本体征，正常人每分钟呼吸 16 ~ 20 次，危重伤者呼吸多变快、变浅、不规则；当伤者临死前，呼吸变缓慢，不规则直至停止呼吸。在观察危重伤者的呼吸时，由于呼吸微弱，难以看到胸部明显的起伏，可以用 1 小片薄纸条、小草等放在伤者鼻孔旁，看这些物体是否随呼吸来回飘动来判定是否还有呼吸。

最后看瞳孔。正常人两个眼睛的瞳孔等大、等圆，遇到光线照来时可以迅速收缩。当伤者受到严重创伤时，两侧的瞳孔可能不一般大，可能缩小或扩大。当用电筒突然刺激瞳孔时，瞳孔不收缩或收缩迟钝。

2、人工呼吸

心跳、呼吸骤停的急救，简称心肺复苏。对于心跳呼吸骤停的伤病员，心肺复苏成功与否的关键是时间。在心跳呼吸骤停后 4 min 之内开始正确的心肺复苏，8 min 内开始高级生命支持者，生存希望大。心肺复苏通常采用口对口人工呼吸法和胸外按压。

（1）心肺复苏操作程序。

①判断意识。轻拍伤病员肩膀，高声呼喊："喂，你怎么了！"

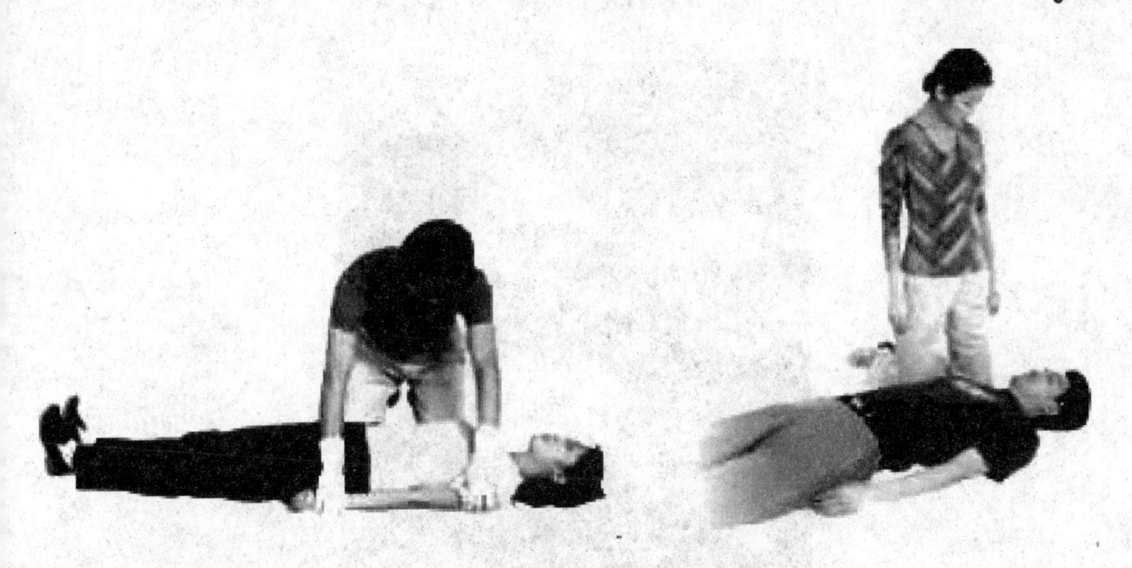

②高声呼救。“快来人啊，有人晕倒了，快拨打急救电话”。

③将伤病员翻成仰卧姿势，放在坚硬的平面上。

④打开气道。成人用仰头举颏法打开气道，使下颌角与耳垂连线垂直于地面 90°。

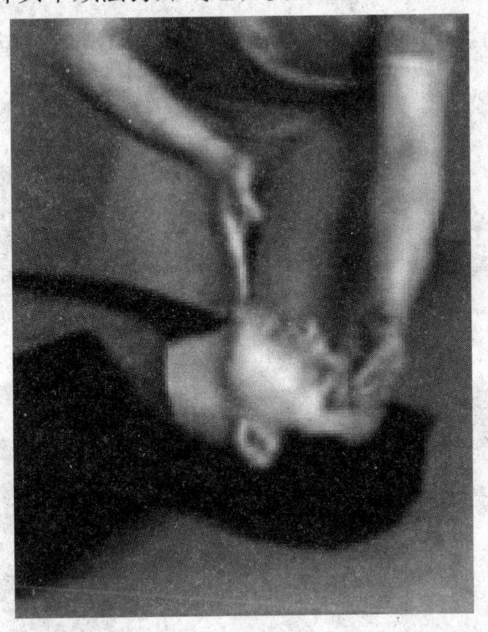

⑤判断呼吸：一看，看胸部有无起伏；二听，听有无呼吸声；三感觉，感觉有无呼出气流拂面。

重点提示，判断呼吸的时间不能少于 5 ~ 10 s。

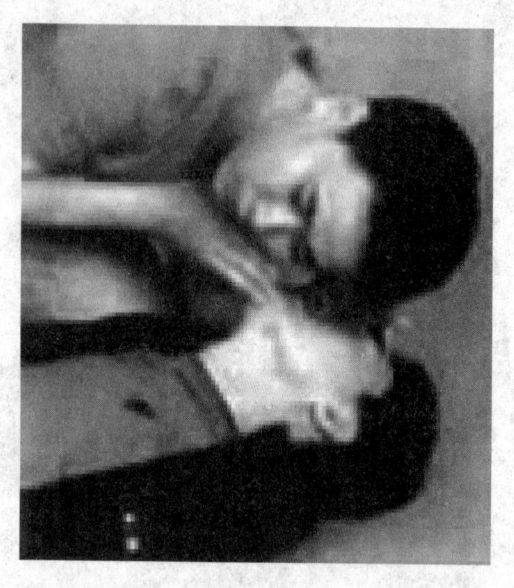

⑥口对口人工呼吸。施救人员将放在伤病员前额的手的拇指、食指捏紧伤病员的鼻翼，吸一口气，用双唇包严伤病员口唇，缓慢持续将气体吹入。吹气时间为 1 s 以上。

吹气量 700 ~ 1100 mL（吹气时，病人胸部隆起即可，避免过度通气），吹气频率为 12 次 /min（每 5 s 吹一次）。正常成人的呼吸频率为 12 ~ 16 次 /min。

⑦胸外心脏按压。按压部位：胸部正中两乳连接水平。按压方法：

a. 施救人员用一手中指沿伤病员一侧肋弓向上滑行至两侧肋弓交界处，食指、中指并拢排列，另一手掌根紧贴食指置于伤病员胸部。

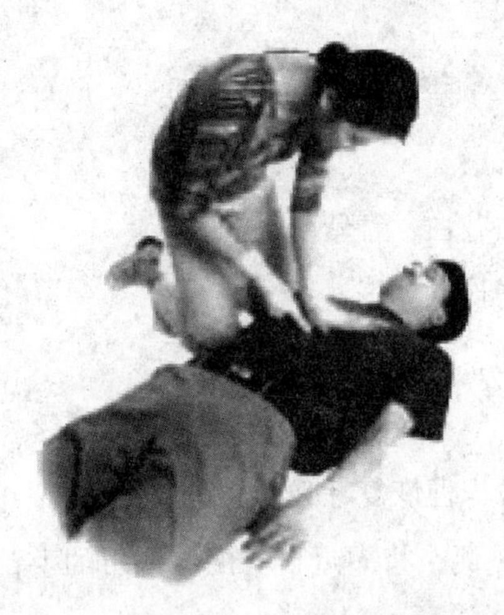

b. 施救人员双手掌根同向重叠，十指相扣，掌心翘起，手指离开胸壁，双臂伸直，上半身前倾，以膝关节为支点，垂直向下、用力、有节奏地按压 30 次。

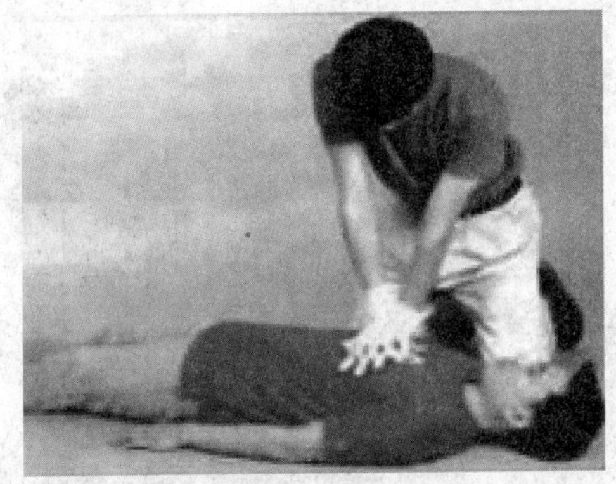

c. 按压与放松的时间相等，下压深度 4 ~ 5cm，放松时保证胸壁完全复位，按压频率 100 次 /min。正常成人脉搏每分钟 60 ~ 100 次。

重要提示：按压与通气之比为 30：2，做 5 个循环后可以观察一下伤病员的呼吸和脉搏。

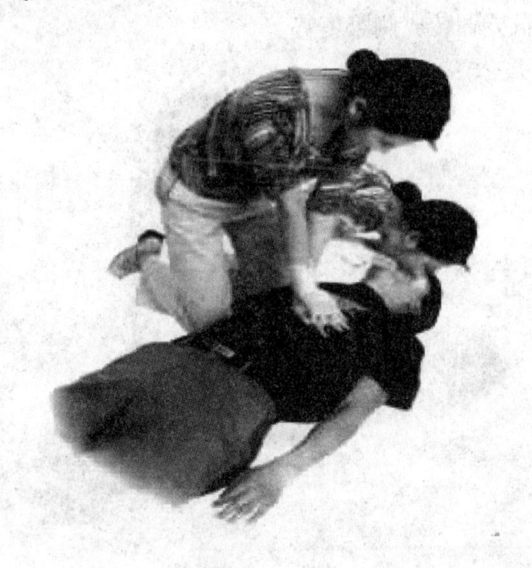

3、心肺复苏

（1）心肺复苏有效指征：

①伤病员面色、口唇由苍白、青紫变红润。

②恢复自主呼吸及脉搏搏动。

③眼球活动，手足抽动，呻吟。

（2）复原（侧卧）位

心肺复苏成功后或无意识但恢复呼吸及心跳的伤病员，将其翻转为复原（侧卧）位。

①救护员位于伤病员一侧，将靠近自身的伤病员的手臂肘关节屈曲成 90°，置于头部侧方。

②另一手肘部弯曲置于胸前。

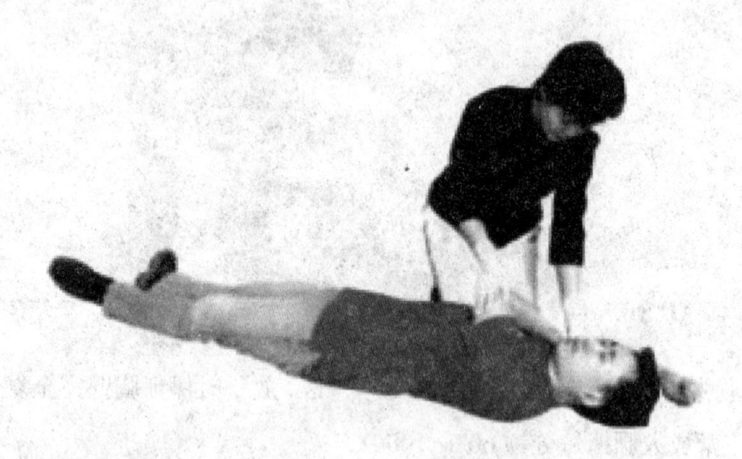

③将伤病员远离救护员一侧的下肢屈曲，救护员一手抓住伤病员膝部，另一手扶住伤病员肩部，轻轻将伤病员翻转成侧卧姿势。

④将伤病员置于胸前的手掌心向下，放在面颊下方，将气道轻轻打开。

4、外伤止血

出血，尤其是大出血，属于外伤的危重急症，若抢救不及时，伤病人会有生命危险。止血技术是外伤急救技术之首。

现场止血方法常用的有四种，使用时根据创伤情况，可以使用一种，也可以将几种止血方法结合一起应用，以达到快速、有效、安全的止血目的。

（1）指压止血法。

①直接压迫止血：用清洁的敷料盖在出血部位上，直接压迫止血。

②间接压迫止血：用手指压迫伤口近心端的动脉，阻断动脉血运，能有效达到快速止血的目的。

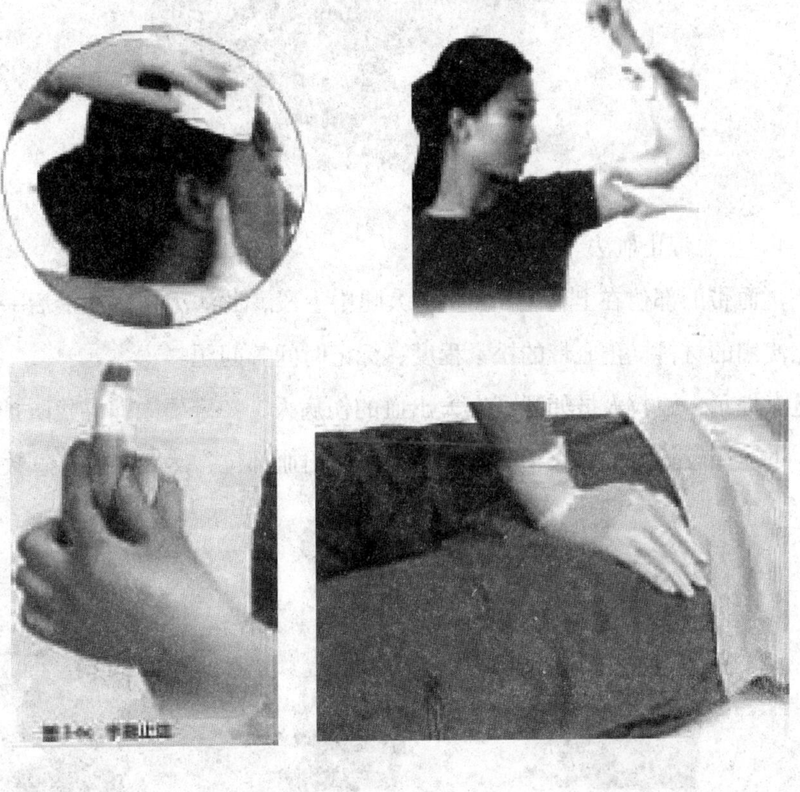

（2）加压包扎止血法。

用敷料或其他洁净的毛巾、手绢、三角巾等覆盖伤口，加压包扎达到止血目的。

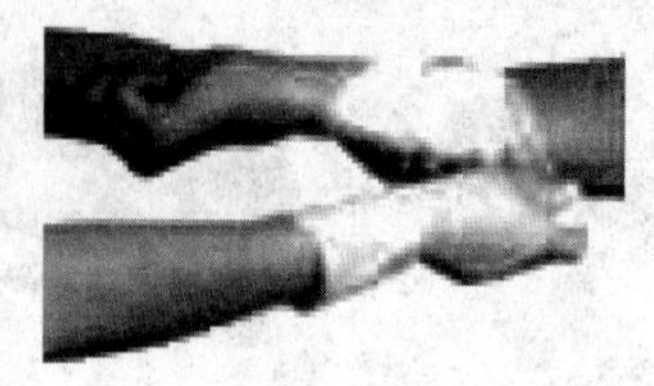

（3）填塞止血法。

用消毒纱布、敷料（如果没有，用干净的布料替代）填塞在伤口内，再用加压包扎法包扎。

重点提示：救护员和施救人员只能填塞四肢的伤口。

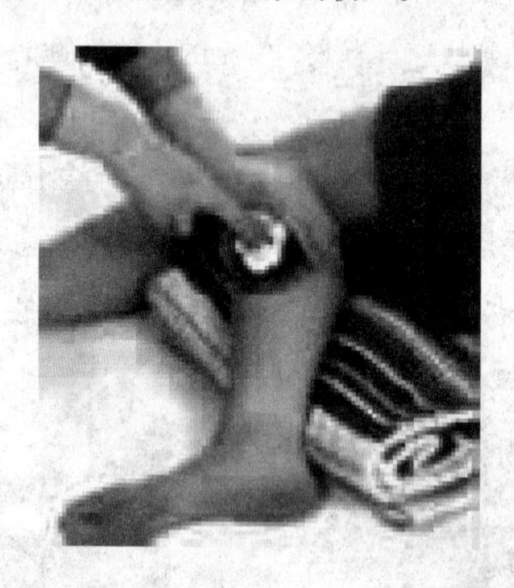

（4）止血带止血法。

上止血带的部位在上臂上1/3处、大腿中上段，此法为止血的最后一种方法，操作时要注意使用的材料、止血带的松紧程度、标记时间等问题。

重点提示：施救人员如遇到有大出血的伤病人，一定要立即寻找防护用品，做好自我保护。迅速用较软的棉质衣物等直接用力压住出血部位，然后，拨打急救电话。

5、伤口包扎

快速、准确地将伤口用自粘贴、尼龙网套、纱布、绷带、三角巾或其他现场可以利用的布料等包扎，是外伤救护的重要环节。它可以起到快速止血、保护伤口、防止污染，减轻疼痛的作用，有利于转运和进一步治疗。

（1）绷带包扎。

①手部“8”字包扎，它同样适用于肩、肘、膝关节、踝关节的包扎。

②螺旋包扎。适用于四肢部位的包扎，对于前臂及小腿，由于肢体上下粗细不等，采用螺旋反折包扎，效果会更好。

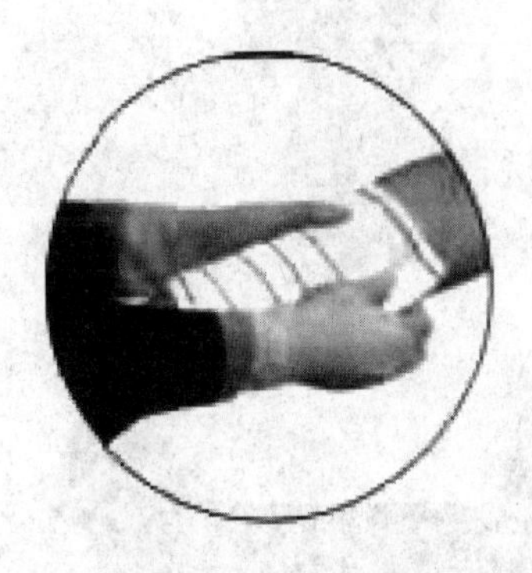

（2）三角巾包扎。

①头顶帽式包扎：适用于头部外伤的伤员。

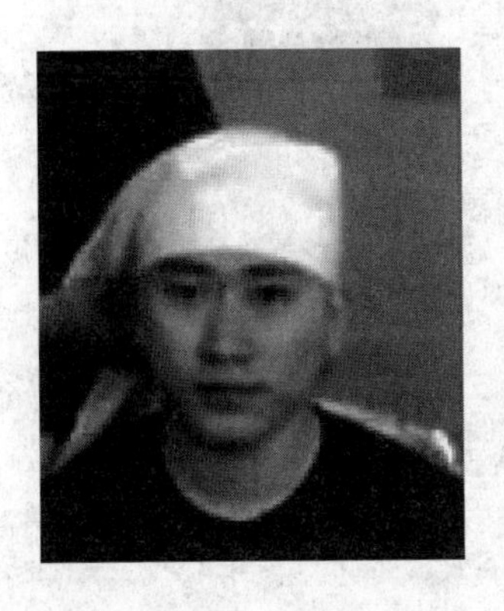
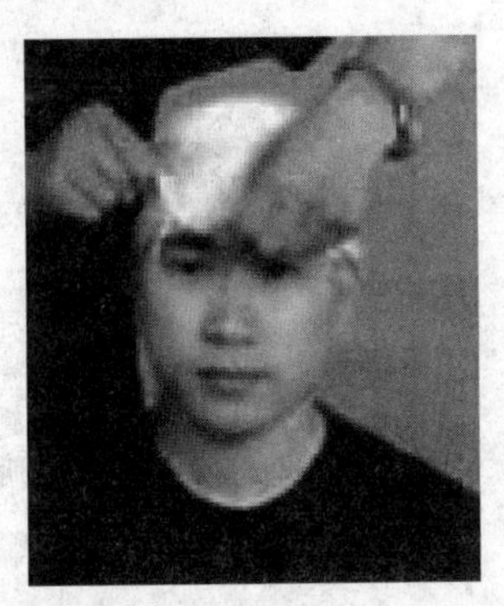
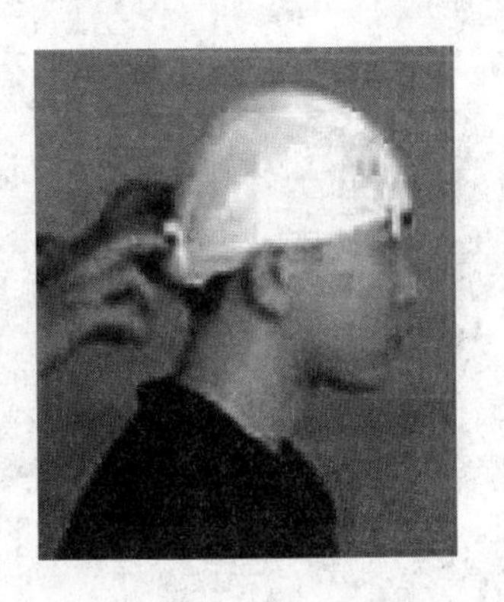

②肩部包扎：适用于肩部有外伤的伤员。

③胸背部包扎：适用于前胸或后背有外伤的伤员。

④腹部包扎：适用于腹部或臀部有外伤的伤员。

⑤手（足）部包扎：适用于手或足有外伤的伤员，包扎时一定要将指（趾）分开。

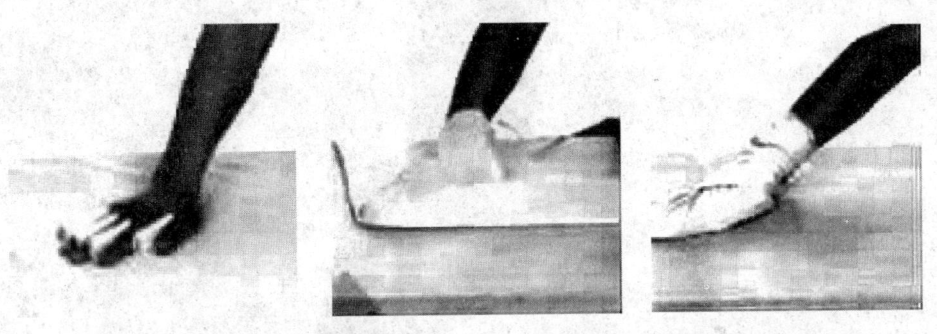

⑥膝关节包扎：同样适用于肘关节的包扎，比绷带包扎更省时，包扎面积大且牢固。

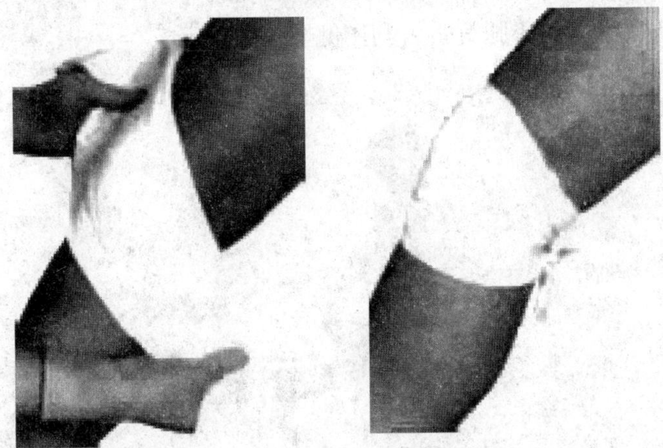

重点提示：在事发现场，施救人员遇到有人受伤时，应尽快选择合适的材料对伤病员进行简单包扎，然后呼叫 120。

6、骨折固定

骨折固定可防止骨折端移动，减轻伤病员的痛苦，也可以有效地防止骨折端损伤血管、神经。

尽量减少对伤病员的搬动，迅速对伤病员进行固定，尽快呼叫 120，以便他们在最短时间内赶到现场处理伤病员。

骨折现场固定法：

①前臂骨折固定。利用夹板固定或利用身边可取到的方便器材固定。

②小腿骨折固定方法。小腿骨折可利用健肢进行固定。

③骨盆骨折固定。

7、伤员搬运

经现场必要的止血、包扎和固定后，方能搬运和护送伤员，按照伤情严重者优先，中等伤情者次之，轻伤者最后的原则搬运。

搬运伤员可根据伤病员的情况，因地制宜，选用不同的搬运工具和方法。在搬运全过程中，要随时观察伤病员的表情，监测其生命体征，遇有伤病情恶化的情况，应该立即停止搬运，就地救治。

搬运方法：可选用单人搬运、双人搬运及制作简易担架搬运，担架可选用椅子、门板、毯子、衣服、大衣、绳子、竹竿、梯子等代替。对怀疑有脊柱骨折的伤病员必须采用“圆木”原则进行搬运，使脊柱保持中立。

第八章

安全生产网格化管理典型经验

一、广州市安全生产网格化管理模式

2014 年，广州市将安全生产作为一项重要内容纳入城市网格化治理体系建设，构建了以市、区、街（镇）、社区（村）为主体的“四级”网格管理体系，建立责任到人、职能到位的安全生产监管网格。广州市安全生产网格化管理模式为：

（1）合理划分，构建全部覆盖的基础网格。广州市制定了城市社区网格化服务管理 4 个配套文件。成立了工作领导小组，建立了会议制度，市安全监管局作为成员单位，全程参与网格化管理各项统筹推进工作。全市结合地理空间分布，原则上按照每 200 户划分一个基础网格，实现无缝衔接。将安全生产、消防安全、公共服务基础设施、环境保护等领域涉及居民切身利益的事项优先纳入网格服务管理的范畴。

（2）逐步推进，组建专兼结合的网格队伍。按照“权责明晰、平稳衔接、专兼过渡、专职管理”的原则，分类别、分批次整合街（镇）现有各类聘用人员队伍。第一批优先整合社区专职工作人员、劳监协管员、安监协管员等 7 支街（镇）聘用人员队伍，组建由 12163 名专兼职网格员组成的队伍。梳理第一批入格事项，涵盖 20 个部门 176 项工作。其中，安全监管局作为首批入格部门，将无证生产经营危险化学品、无证经营烟花爆竹、“三小”场所常见接触职业病危害工种缺乏劳动保护 3 项工作纳入第一批网格化社会服务管理。

（3）流程再造，创建科学合理的工作机制。建立“五步闭合”工作机制，按照发现告知、调度派遣、事件处理、跟踪回访、评价结案五个步骤，构建了一套自下而上的网格化服务管理流程。实行网格事项“采办分离”工作机制，网格员主要负责采集网格信息和事件，处理轻微的网格事件，提供便民服务，对网格员采集的信息由各职能部门按职责分工处理，实现了各级联动和工作流程再造。制定了入格审批、处置监督、管理考核等制度，确保网格化服务管理有序运行。黄浦区 2015 年以来利用网格平台及时发现和处置问题、隐患，实现了“小问题不出网格、一般问题不出社区、突出问题不出街道、老大难问题及时上报区处理”。

（4）夯实基础，搭建高效运转的监管平台。整合现有的人口、法人、地理等信息资源，建立跨区域、跨部门、跨层级的互联互通、融合共享的基础信息数据库，建成全市统一的网格化应用系统。网格内的问题首先由街道解决；街道解决不了的问题，由各职能部门解决；需要共同协调解决的问题，由12个专项工作组（含安全隐患排查整治专项工作组）研究解决。部分区县建立了“三级网络、三道防线”的安全监管模式，形成区级—街道—企业三级安全责任网络，建立了区领导带队督导、工作例会、绩效考核等制度，每个网格配备网格长、综合网格员、安全网格员、志愿网格员等。较好解决了基层安全生产工作“由谁管”“管什么”“怎么管”的问题，形成了“事有人做、责有人担、任务明确、责任清晰”的基层安全生产网格化管理格局。

二、长沙县㮾梨街道办事处安全生产网格化管理模式

湖南省长沙县㮾梨街道积极贯彻《国务院安委会办公室关于加强基层安全生产网格化监管工作的指导意见》精神，推进基层安全生产网格化管理，以“一个平台、两款APP、三级网格、四点要求、五项机制”为抓手，创建“网格化＋安全生产”模式，逐步建立起网格化管理体系与群众自治组织有效衔接、互为支撑的新结构，全力创造了稳定的安全生产环境，提升了基层安全生产监管的精细化、信息化和社会化水平。

1、一个平台

安全生产网格化管理平台

2017年3月，㮾梨街道以原有网格为依托，成立全新网格化管理工作领导小组和网格化管理办公室，优化㮾梨街道网格化管理工作实施方案。聘请3名注册安全工程师长期驻守街道开展安全生产网格管理指导工作，明确专人专责、专职专管；率先在全市建立镇街一级安全生产风险分级和隐患排查治理双控平台和视频监控系统，实现企业信息收集、风险分级、隐患排查、数据分析、重大风险点分布查询、安全生产现状排名和电子监测监控等功能；因地制宜设定网格信息、网格巡查、事件处置、居民服务、统计分析、轨迹巡查、考勤统计等模块，将逐步新增平台提醒功能、线上咨询与教育、咨询查询等功能，确保其更具有操作性、实效性；编制安全生产三年规划，实现规划与平台无缝对接。

2、两款 APP

网格通和领导通

安全生产网格化管理平台下设两款 APP，即网格通和领导通。网格通主要用于网格干部安全生产的日常巡查、事件信息上报以及对处置完毕事件的核实和评价。领导通主要用于联村党政领导掌握全街道安全生产网格工作动态、隐患排查、突发事件、处置情况等，为处理事项决策提供实时依据。

3、三级网格

党政领导干部、街道网格干部、村（社区）干部

（1)实行三级管理: 一级网格由党政领导干部负责,二级网格由各部门单位及村(社区)业务干部负责，三级网格由街道网格干部负责。根据网格内生产经营单位的性质、生产过程中的危险性，以及生产经营规模、重要程度、监管重点等情况，将 34.8 平方公里 4 村 5 社区划分成 88 个三级网格（其中陶公庙社区、大园社区、土岭社区、檀木桥社区、金托村、保家村、花园村、龙华村各 10 个网格，高峰社区 8 个网格）。

（2）实施五步流程：即①网格员发现、上传；②网格化管理办公室受理、分派；③部门单位签收或再次分派；④责任单位处置、反馈；⑤网格员核实、结案的闭环流程。

（3）开展三类培训：一是会议培训。利用机关工作例会等大型会议开展安全生产网格培训，提高网格员安全生产业务知识能力。二是实操培训。专业技术人员带领网格员巡网格、进企业、查问题，现场指导隐患排查，实地帮助答疑解惑，提升网格员安全生产隐患排查能力。三是专家培训。3 名专业技术人员分别对接四村五社区，开展专家驻村指导、线上线下答疑解惑，提炼网格员安全生产专业技术能力，力争用不同的方式实现网格员安全生产隐患排查的专业性、针对性，提升排查的实效性与全面性。

（4）发挥两项作用：一是宣传信息员作用。及时向网格内生产经营单位宣传安全生产相关政策法规、上级部署、工作安排等预警提醒；及时向网格内居民群众宣传安全用火用电用油用气等安全提醒；及时搜集不同行业、不同领域、不同规模的安全生产责任单位的基础信息，做到及时上报、更新、管理。二是监督管理员作用。定期开展安全生产网格化排查，重点查看基层企业、“三小”场所（小商铺、小作坊、小娱乐场所）、家庭住户等非法生产情况并及时报告；定期配合相关职能部门执行“春雷”、“飓风”、“霹雳”、“清剿”等专项安全检查及执法行动；定期与专家团队进行信息反馈、业务咨询，提升专业素养。

4、四点要求

巡查时间、签到次数、上报事件、记录情况

为充分发挥安全生产网格化管理的作用，主要采取定量化的日常管理模式。一是明确巡查时间。明确每周二、周四为网格巡查日，网格干部必须在巡查日（不少于半天）下到各自网格进行安全生产巡查，做到“监管单位底数清、生产经营类别清、安全监管要素清、排查安全隐患清、整改措施成效清”。二是限制签到次数。明确在网格巡查时必须进行定位签到，每月满足 8 次网格签到、8 次网格签退，并打开网格巡查，做到巡查轨迹化。三是规定上报事件。明确在每次网格巡查中必须上报至少两条事件，做到“问题及时发现、及时上报、及时处置”。四是限定记录情况。明确在每次巡查中必须在网格登记本上做好详细具体的巡查记录，做到痕迹化管理。

5、五项机制

持续运转机制、问题解决机制、部门联动机制、工作通报机制、考核奖惩机制

（1）持续运转机制。坚持“低成本、高效率、可持续”的原则，在不增加人员编制的情况下，最大限度整合现有资源，下沉工作力量，按照“一岗多责、一人多能、一人负责、多人协同”的“简单、高效、易操作”的工作要求，确保网格化管理切实可行、简便易行。

（2）问题解决机制。对发现的安全事件进行分类处理。一般性事务由网格员现场处理，并使用 app 进行痕迹化处理；需要协调处理的事件由网格员和村（社区）协调处理；对于处理难度较大的事件，网格员上报至网格化数字管理平台，由安委办牵头，组织执法、公安、交警、城管、电力、技术公司等部门进行精准辨识、及时上报、安全转移、联合执法，并对事件进行全程监管、跟踪反馈。

（3）部门联动机制。坚持“条块结合、职责明确、联动负责”的原则，对涉及全街全局性、社会热点、矛盾突出的问题，由网格办专项研判，通过各部门联动机制解决，具体可采用召开协调会、开辟绿色通道特事特办、提请党政办公会研究决定等形式。

（4）工作通报机制。每月出刊一期网格专报，从领导风采、工作动态、典型事例、工作数据、重要提示等五个方面对当月网格工作进行总结、公示、通报；每季度召开一次安全生产网格讲评会，由党工委书记进行逐一点评，网格干部进行经验典型发言和不足表态发言，做到“以优促优、以优带差”。

（5）考核奖惩机制。按照“一月一公示、一季度一讲评”的考核模式，以平台反映数据为基本参照，对网格干部以信息报送、网格记录本登记等完成情况进行考核，对各部

门单位、村（社区）业务干部以及时签收、按期处置、回复整改等完成情况进行考核，每季度设置最佳报单奖、最多报单奖、网格记录本考核奖，考核结果与年底干部个人绩效考核和年度奖金挂钩，部门单位考核情况将反馈至主管单位。

第九章

安全事故典型案例评析

一、东莞市莞城区“8·14”较大火灾事故

2016年8月14日4时51分许，东莞市大朗镇巷头社区富康北路4巷15号一出租屋发生一起较大火灾事故，过火面积约150平方米，火灾烧损部分建筑结构、生产设备、半成品、成品及物品一批，造成9人死亡、2人重伤，直接经济损失8650090.27元。

1、事故经过

起火建筑位于东莞市大朗镇巷头社区富康北路4巷15号一出租屋，由陈某甲于2001年12月向大朗镇政府申办报建手续并经同意后建设，符合当地土地利用总体规划，地类为村庄建设用地，未办理用地手续。2010年2月，陈某乙从陈某甲手中购买该出租屋（已在巷头社区备案），并继续租给李某（台湾籍）经营东莞市大朗宏贸针织时装厂。该出租屋1至5楼为钢筋混凝土结构，6楼（天面层）为搭建铁皮房，占地面积150平方米，建筑面积750平方米。1、3、4楼为车间（其中3、4楼为24小时生产的车间），2、5和6楼（天面层）为宿舍，其中2楼为经营者一家居住和办公使用，5楼对外出租给他人居住，6楼（天面层）供员工居住使用。

2016年8月14日凌晨，张某在富康北5巷14号富利达服饰厂一楼进行打包出货，4

时50分许，张某突然看到斜对面富康北4巷15号（即起火建筑）一楼后面排风口冒浓烟，并且发出“吱吱吱”的声音，当时张某立即用手机拨打119报火警，接着拨打110报警。在报警的同时，听到该楼房二楼有人叫“救命”。此时周边的群众也发现起火，都积极报警和参与救人，但由于火势和浓烟过大，无法扑灭大火。

2、事故原因

（1）直接原因。

东莞大朗宏贸针织时装厂一楼夹层东北角处电线短路引燃周围可燃物。

（2）间接原因。

①起火建筑存在较大消防安全隐患。

②工厂经营者消防意识淡薄，消防管理混乱。

③属地职能部门消防安全责任制落实不到位。

④大朗镇火灾隐患整治办对“三小”场所、出租屋消防隐患排查和整治工作不到位。

3、处理建议

根据事故调查报告，处理建议只选取了与基层领导直接相关内容，下同。

（1）陈某权（巷头社区党工委书记、社区主任），男，中共党员，广东东莞人，2009年12月开始任大朗镇巷头社区党工委书记、社区主任，系东莞市第十五次人大代表，负责巷头社区全面党务、事务工作。陈某权作为负责巷头社区全面党务、事务工作的党工委书记、社区主任，未认真贯彻落实党和国家有关消防管理工作方针政策和法律法规；未能有效统筹辖区消防检查及消防业务培训，对巷头社区及有关部门未认真履行“三小”场所、出租屋消防监管职责的问题失察。陈某权对事故的发生负有责任，根据《中国共产党纪律处分条例》第一百二十五条，建议给予其党内警告处分。

（2）陈某根（巷头社区党工委委员兼安全办主任），男，中共党员，广东东莞人，2013年12月开始任大朗镇巷头社区党工委委员兼安全办主任，系大朗镇人大代表、党代表，分管巷头社区消防工作。陈某根作为大朗镇巷头社区党工委委员兼安全办主任，在分管巷头社区消防安全工作期间，未认真履行对巷头社区消防安全监管工作的监督检查职责；疏于管理，未按规定督促、指导巷头社区消防巡查服务队履行对“三小”场所、出租屋消防安全监管的职责。陈某根对事故的发生负有责任，根据《中国共产党纪律处分条例》第一百二十五条，建议给予其党内警告处分。

4、防范措施

（1）地方各级人民政府应当加强对农村消防工作的领导，采取措施加强公共消防设施建设，组织建立和督促落实消防安全责任制。

（2）基层要积极开展群众性的消防工作。基层应当确定消防安全管理人，组织制定防火安全公约，进行防火安全检查。

（3）任何单位、个人不得损坏、挪用或者擅自拆除、停用消防设施、器材，不得埋压、圈占、遮挡消火栓或者占用防火间距，不得占用、堵塞、封闭疏散通道、安全出口、消防车通道。人员密集场所的门窗不得设置影响逃生和灭火救援的障碍物。

（4）基层应当协助人民政府以及公安机关等部门，加强消防宣传教育。

二、佛山市南海区“10·16”较大火灾事故

2015 年 10 月 16 日，位于佛山市南海区桂城平西工业区南区 6 号的佛山市南海区佛胜鞋厂发生火灾，过火面积约 800 平方米，事故共造成 4 人死亡，2 名消防员受伤，直接经济损失 4321132 元。

1、事故经过

10 月 16 日下午 16 时许，佛胜鞋厂喷油房内伴随“轰”的一声响，一团直径约 30 厘米的火球烧着了喷油房堆放着的鞋油等可燃物，火势越来越大。随后厂长熊某带领部分员工拿灭火器来到起火的喷漆房门口进行灭火并报警，由于喷漆房内存放着有机溶剂和其他可燃物，灭火器难以有效控制火势，火势逐渐扩大蔓延至整个厂房。火灾发生后，有毒烟

气迅速在厂房内蔓延，并沿着厂房内部北面的楼梯蔓延至二层的储物间，由于在二层工作的员工何某、覃某、郑某、谢某在南面开料间工作和隔墙阻隔的原因，未能及时发现火情，待发现时，有毒烟气已经沿着厂房内部南面的楼梯蔓延至二层，阻断了四人的逃生路线，在一层的其他员工由于缺乏有效的灭火措施，也未能对四名员工实施救援，最终四名员工未能及时逃生而丧生在二楼的开料车间内。尸检报告显示，4 名死者均符合生前烧死。

2、事故原因

（1）直接原因。

佛山市南海区佛胜鞋厂喷漆房水帘喷漆柜照明线路短路喷溅熔珠引燃油垢等可燃物起火是此次事故发生的直接原因。

（2）间接原因。

①佛胜鞋厂消防安全主体责任不落实，内部安全管理混乱。

②相关责任单位监管责任落实不到位。

3、处理建议

（1）谢某恒，中共预备党员，平西经济联合社社长，其作为经联社主要负责人，出租给佛胜鞋厂的场所不具备安全生产条件，没有制定经联社物业安全管理制度，没有组织消防安全培训，对本社物业承租方管理严重缺位，对此次事故的发生负有管理责任，建议撤销中共预备党员资格，由司法机关依法对其是否涉嫌重大劳动安全事故罪继续进行调查处理。

（2）梁某民，中共党员、平西村支部书记、平西村委会主任、平西社区服务中心主任、平西消防站站长。没有按照上级组织要求开展好消防安全工作，未贯彻落实好安全生产“一岗双责”制度，对事故的发生负有主要领导责任。根据《中国共产党纪律处分条例》第一百二十八条规定，建议给予党内严重警告处分。

（3）梁某坚，群众、平西社区服务中心委员，负责平西社区安监、消防、市政、环保、桥梁道路、农业、水利、三防、数字城管，食药监等工作。对社区服务中心的消防、安全生产巡查工作督促、检查不到位，对在巡查中发现的问题没有及时组织上报相关部门，依据《桂城街道农村社区服务中心工作人员管理办法》相关规定，建议给予记过处分。

（4）周某邦，群众，平西社区服务中心工作人员，负责平西村环保、消防、食监、调解等巡查工作。以消防巡查工作为主，在日常消防巡查中，没有及时发现事发企业存在的火灾隐患，依据《桂城街道农村社区服务中心工作人员管理办法》相关规定，建议给予其记过处分。

（5）周某华，群众，平西社区服务中心工作人员，负责平西村环保、消防、食监、调解等巡查工作。对企业员工消防安全知识培训不足，未能及时发现企业存在的火灾隐患，依据《桂城街道农村社区服务中心工作人员管理办法》相关规定，建议给予其记过处分。

（6）梁某锵，中共党员，桂城派出所平西社区民警中队社区民警兼任平西村委副书记（管治安）、平西村委消防站副站长，分管辖区内消防安全工作。日常巡查走过场，检查巡查无记录台账、未能发现佛胜鞋厂存在的消防隐患，对事故的发生负有管理责任，依据《关于对党员领导干部进行诫勉谈话和函询的暂行办法》第三条第（三）项之规定，建议对其诫勉谈话。

4、防范措施

（1）基层应监督其所在区域内的生产经营单位进行安全隐患检查工作，及时消除生产安全事故隐患。

（2）基层应监督其所在区域内的生产经营单位落实安全生产主体责任，加强安全生产管理工作。

（3）基层应当采取多种形式，加强对有关安全生产的法律、法规和安全生产知识的宣传，增强全社会的安全生产意识。

三、佛山市顺德区“8·3”较大坍塌事故

2015 年 8 月 3 日 16 时许，位于佛山市顺德区龙江镇旺岗村三联路的佛山市顺德区卡图家居用品有限公司（以下简称“卡图公司”）生产区域内发生一起建筑施工坍塌事故，造成 4 人死亡、1 人受伤，直接经济损失 5040077.6 元。

1、事故经过

8 月 3 日上午 10 时左右，施工方黄某某带领 6 名工人对钢结构工程二三四层楼面从上而下浇筑混凝土，凌某带领 3 名工人在旁边辅助施工。中午 12 时左右，第四层楼面的混凝土浇筑完毕。下午 1 时左右，工人开始对第三层楼面进行混凝土浇筑。下午 3 时左右，第三层楼面的混凝土浇筑完毕。工人同时开始对第二层楼面进行混凝土浇筑。下午 3 时 49 分，第四、第三层楼面混凝土先后发生坍塌。坍塌造成杨某某、陈某甲、邓某某、

田某某、陈某乙 5 名工人被埋。

2、事故原因

（1）直接原因。

该工程属于违法建设工程，工程建设过程中，钢梁柱节点构造错误和立柱承荷稳定性不足，在浇筑混凝土时，地泵泵管产生震动作为诱因，导致钢结构第三层中排钢梁柱节点和第二层中立柱失稳，引起工程整体倒塌。

（2）间接原因。

①施工组织严重违反建筑行业标准规定，导致工程的开工建设不具备相应的安全条件。

②设计钢结构未按照行业标准规范设计、搭设、验收，工程各受力构件，应力均不满足要求。

③混凝土浇筑施工工头黄某某不具备建筑工程施工资质，非法承揽建筑工程，非法指挥混凝土施工，施工程序不符合安全规程和技术规范。

④卡图公司在对于本公司生产区域内的违法建设行为，未实施有效的监督检查，未有效履行企业安全生产主体责任；未制止相关方的违法建设行为，未开展对事发工程的隐患排查治理，未能及时消除安全隐患。

⑤负有监督管理责任的有关部门未认真履行职责，监督检查不到位。

3、处理建议

（1）张某某，中共党员，顺德区龙江镇旺岗村党总支部委员、村委会副主任，负责“两违建设”巡查等工作。其对本村辖区内违法建设巡查不到位，工作不扎实，对事故发生负有责任。建议给予党内严重警告处分。

（2）黄某辉，中共党员，顺德区龙江镇旺岗村党总支部书记、村委会主任。其对属地村委会的违法建设巡查报告工作督促不到位，工作失察，对事故发生负有责任。建议给予党内严重警告处分。

4、防范措施

（1）基层要切实督促企业依法落实安全生产主体责任。

（2）基层应对本辖区加强“两违建设”巡查等工作。

（3）基层应督促企业加强教育培训，提高从业人员的安全意识和操作技能。

（4）基层应督促企业加强作业现场管理和隐患排查治理，加强安全投入，保证企业具备相应的安全生产条件。

四、中山市三乡镇“7·27”较大火灾事故

2015年7月27日5时20分许，位于中山市三乡镇金谷大道156号第二卡一层的惠昌五金交电商行发生火灾，造成5人死亡，直接经济损失34.26万元。

1、事故经过

7月27日5时20分，位于中山市三乡镇金谷大道156号第二卡首层的惠昌五金交电

商行因天花顶夹层内电气线路短路引燃木质天花架等可燃物，烟气通过未关闭的防火门蔓延至二层、三层。5时35分，有群众发现惠昌五金交电商行浓烟滚滚即拨打119电话报警。火灾主要在首层发生燃烧，二层、三层主要为烟熏情况；魅力牛香和御口福粥城两个商铺部分烧损。火灾导致在二层、三层居住的惠昌五金交电商行实际经营者刘某某及其家人共5人由于吸入烟气导致死亡（其中1人窒息死亡，4人在医院经抢救无效死亡）、部分财物烧毁。

2、事故原因

（1）直接原因。

惠昌五金交电商行天花顶夹层内电气线路短路引燃木质天花架等可燃物蔓延成灾。

（2）间接原因。

①惠昌五金交电商行经营者消防安全主体责任落实不到位。

②火灾发生时，用于分隔住宿场所与经营场所的防火门被人为打开，处于开启状态，导致发生火灾向二、三层蔓延。

③疏散楼梯通往天面的门被紧锁，二、三层居住的人员无法逃生。

④整幢建筑的窗口全部安装防盗网，正面的部位有广告牌遮挡，增加了灭火救援人员进入现场施救难度。

3、处理建议

郑某勋，中共党员，三乡镇平东村党支部书记、村委会主任，三乡镇平东村消防安全网格化工作第一责任人，存在日常消防安全监督管理不到位问题，建议对其给予党内警告处分。

4、防范措施

（1）基层应加强日常消防安全监督管理，突出抓好“三小”场所消防安全隐患排查整治。

（2）基层应督促各类企事业单位要建立健全消防安全管理制度和消防安全组织，明确消防安全责任人和相关管理人员职责。

（3）基层应针对“三小”场所及时排查和治理火灾隐患。

（4）基层要利用广播、电视、报刊、网络等各种新闻媒体，重点加强“三小”场所和学校、社区、农村的消防安全宣传教育。

五、河北省邢台市“7·12”重大爆炸事故

2015 年 7 月 12 日 9 时 07 分，位于河北省邢台市宁晋县东汪镇东汪一村的原河北沙龙制衣有限公司水洗车间内因非法生产烟花爆竹发生重大爆炸事故，造成 22 人死亡、23 人受伤（其中重伤 2 人，轻伤 21 人），直接经济损失 885 万元。

1、事故经过

7 月 12 日，宋某、孙某、周某 3 人，组织 15 名邢台市南宫市大村乡北孟村有烟花爆竹制作手艺的人员在沙龙制衣公司内生产烟花爆竹。生产过程包括混药、装上响烟火药、装下响烟火药等工序。9 时 07 分，在生产作业过程中，因摩擦、撞击导致发生爆炸。

爆炸造成中心现场厂房完全坍塌，现场 3 辆用于非法生产的车辆被烧（炸）毁，周边 25 家企业、25 户门店、59 家住户不同程度受损。

2、事故原因

（1）直接原因。

非法生产作业过程中因摩擦、撞击导致爆炸。

（2）间接原因。

①犯罪嫌疑人宋某、司某伙同孙某、周某，租用沙龙制衣公司，违反国家有关规定，非法组织生产烟花爆竹。

②宁晋县东汪镇东汪一村、耿庄桥镇北周家庄村和苏家庄镇浩固村党支部、村委会打

击非法生产经营烟花爆竹和非法经营易制爆危险化学品不到位，监督检查流于形式，社会治安综合治理不力，未发现本村存在的非法生产经营烟花爆竹、非法经营易制爆危险化学品问题，存在失职行为，致使非法行为未得到及时处理。

③相关责任单位监管责任落实不到位。

3、处理建议

（1）路某某，男，汉族，1961 年 5 月生，宁晋县人，高中文化程度，中共党员，2015 年 2 月开始任宁晋县东汪镇东汪一村村委会主任，负责村委会全面工作。在烟花爆竹“打非”工作中，落实属地管理责任不到位，排查不到位，未发现东汪一村非法生产烟花爆竹的问题，存在失职行为，负有直接责任。给予开除党籍处分，按照程序罢免东汪一村村委会主任职务。

（2）贺某某，男，汉族，1952 年 10 月生，宁晋县人，初中文化程度，中共党员，1992 年开始任宁晋县东汪镇东汪一村村委会副主任，分管社会综合治理、安全生产工作。在烟花爆竹“打非”工作中，落实属地管理责任不到位，排查不到位，未发现东汪一村非法生产烟花爆竹的问题，存在失职行为，负有直接责任。给予开除党籍处分，按照程序罢免东汪一村村委会副主任职务。

（3）贾某某，男，汉族，1966 年 11 月生，宁晋县人，初中文化程度，中共党员，2000 年开始任宁晋县苏家庄镇浩固村党支部副书记，2002 年开始兼任浩固村治保主任。属地管理责任落实不到位，排查不到位，未发现浩固村非法经营易制爆危险化学品的问题，存在失职行为，负有直接责任。撤销浩固村党支部副书记职务。

（4）李某某，男，汉族，1961 年 2 月生，宁晋县人，高中文化程度，中共党员，2002 年开始任宁晋县苏家庄镇浩固村党支部书记兼村委会主任，负责浩固村全面工作。属地管理责任落实不到位，排查不到位，未发现浩固村非法经营易制爆危险化学品的问题，存在失职行为，负有直接责任。撤销浩固村党支部书记职务，按照程序罢免浩固村村委会主任职务。

（5）孙某军，男，汉族，1967 年 4 月生，宁晋县人，初中文化程度，中共党员，2013 年开始任宁晋县耿庄桥镇北周家庄村治保主任。在烟花爆竹“打非”工作中，属地管理责任落实不到位，排查不到位，未发现北周家庄村非法生产烟花爆竹半成品的问题，存在失职行为，负有直接责任。给予党内严重警告处分。

（6）王某某，男，汉族，1950 年 9 月生，宁晋县人，高中文化程度，中共党员，2015 年 3 月开始任宁晋县耿庄桥镇北周家庄村村委会主任，负责村委会全面工作。在烟花爆竹“打非”工作中，属地管理责任落实不到位，排查不到位，未发现北周家庄村非法生产烟花爆竹半成品的问题，存在失职行为，负有直接责任。给予党内严重警告处分。

（7）周某某，男，汉族，1952年4月生，宁晋县人，小学文化程度，中共党员，2003年5月开始任宁晋县耿庄桥镇北周家庄村党支部书记。在烟花爆竹“打非治违”工作中，落实“党政同责”不到位，属地管理责任落实不到位，排查不到位，未发现北周家庄村非法生产烟花爆竹半成品的问题，存在失职行为，负有直接责任。给予党内严重警告处分。

4、防范措施

（1）基层应落实安全生产隐患检查工作，及时制止和纠正其所在区域内的生产经营单位非法操作、违章指挥、违反操作规程等行为。

（2）基层应监督其所在区域内的生产经营单位落实安全生产主体责任，加强安全生产管理工作。

（3）各级人民政府及其有关部门应当采取多种形式，加强对有关安全生产的法律、法规和安全生产知识的宣传，增强全社会的安全生产意识。

六、河南省郑州市“6·25”重大火灾事故

2015年6月25日2时45分许，河南省郑州市金水区西关虎屯新区4号楼2单元1层楼梯间发生火灾，造成15人死亡、2人受伤，过火面积4平方米，直接经济损失996.8万元。

1、事故经过

6月25日2时47分许，金水区西关虎新区4号楼2单元一层楼梯间用户接线箱内起

火冒烟，2时48分接线箱内出现火苗并报警，火苗引燃箱内存放的纸张，火势通过接线箱上方间隙，燃着了原电表箱内存放的可燃物，烟气、火势从箱体缝隙和孔洞突破，向上作用于1至2层转角平台孔洞处导线束，引燃烧毁绝缘皮，导致线路短路、熔断；向外作用于箱下方可燃物。同时，导线束短路喷溅的熔珠和燃烧掉落的绝缘层引燃下方可燃物，楼梯间内放置的电动自行车、自行车、座椅等被引燃后产生大量高温有毒烟气，沿楼梯间向上蔓延。7层西户集体宿舍居住人员获知火情后，在着火过程中相继逃出房间，1人烧伤后逃出楼栋，16人未能逃离起火建筑。事故造成15人死亡，2人受伤。

2、事故原因

（1）直接原因。

4号楼2单元1层楼梯间用户接线箱内电气线路单相接地短路，引燃箱内存放的纸张等可燃物，是事故发生的直接原因。

（2）间接原因。

①用电安全管理混乱。

②楼道内存放大量可燃物品。

③逃生自救措施不当。

④西关虎屯村开展防火检查巡查工作不力。

⑤电力部门用电安全管理不到位。

⑥公安、消防部门履行消防安全监管职责不到位。

⑦金水区文化路街道办事处履行消防安全职责不到位。

3、处理建议

（1）楚某某，西关虎屯村委第三村民组副组长兼综治办主任，2015年10月21日因涉嫌玩忽职守罪被检察机关立案侦查，10月21日取保。

（2）燕某某，中共党员，西关虎屯村居民委员会第三居民小组组长。组织开展防火检查、巡查工作不力，检查中未能及时排查清理楼道内杂物和长期占用消防通道等安全隐患。对事故的发生负有主要领导责任。建议给予党内严重警告处分。

（3）王某某，中共党员，西关虎屯社区居民委员会副主任。未按规定组织制定村民防火公约，组织开展防火检查巡查工作不力，检查中未能及时排查清理楼道内杂物和长期占用消防通道等安全隐患。对事故发生负有主要领导责任。建议给予党内严重警告处分。

（4）刘某某，中共党员，西关虎屯社区居民委员会党支部书记兼村委会主任。对村组消防安全工作安排不力，未能及时督促村委会及第三村民组排查清理楼道内杂物和长期占用消防通道等安全隐患。对事故发生负有重要领导责任。建议给予党内警告处分。

4、防范措施

（1）对于发现的火灾隐患，能整改的要立即进行整改，不能立即整改的，应当及时向上级或有关部门报告。

（2）基层要定期开展防火安全检查。

（3）基层应对妨碍公共疏散通道、安全出口、消防车通道畅通以及破坏公共消防设施、器材的行为，及时制止。

（4）基层应当组织开展多种形式的消防宣传教育活动，在公共场所设立消防宣传栏和消防安全标识。

七、惠州市惠东县“2·5”重大火灾事故

2015年2月5日13时43分许，广东省惠州市惠东县平山街道惠东县颐东义乌小商品批发城四楼发生一起儿童放火引起的火灾事故，造成17人死亡，2名群众、4名消防队员受伤，过火面积约3800平方米，直接经济损失1173万元。

1、事故经过

2月5日事故发生时，雅图影院正在上映《奔跑吧兄弟》等电影。监控视频显示，罗

某某于13时43分用打火机点燃4040号商铺门口堆放在消防通道边的可燃物，随后乘坐雅图影院南侧的观光电梯离开现场。火灾发生后，批发城四层4032、4046、4026、4124号商铺部位烟感探测器先后探测到火警信号并传输到火灾自动报警系统主机，主机发出警报。当时，正在消防控制室午休的工程部负责人洪某发现系统主机（处于手动状态）报火警，便通知批发城工作人员徐某核对报警位置。随后，洪某通过监控视频发现四楼部分摄像头已被浓烟遮挡，确认为火灾并使用对讲机通知安保部人员灭火，但安保部人员未及时有效控制初始火灾。洪某在确认火灾发生后，未按操作规程将火灾自动报警系统转为自动状态，致使商场消防警铃未发出警报声。13时48分，洪某到室外将批发城变压器总开关拉闸断电，致使批发城内消火栓、自动喷淋、机械排烟、防火卷帘、消防警铃广播等所有消防设施用电被切断，导致起火建筑消防设施在火灾初期无法自动启动（13时48分，火灾自动报警系统主控制器记录显示报警系统主电故障）。洪某切断总电源后，准备到地下室发电机房启动发电机（备用电源）时，接到市场部工作人员对讲机呼叫说观光电梯有人被困，叫其去救援，洪某立即回到监控室拿三角钥匙到观光电梯口救人，致使备用电源未开启，导致批发城在火灾时自动消防设施处于停电状态，造成烟火不受控制，迅速蔓延成灾。

13时45分许，四楼租户夏某在自家商铺听到响声，跑出来后发现浓烟夹杂明火从4040号商铺方向沿顶棚蔓延过来，于是告诉周边商户着火了，夏某的丈夫也马上跑到中庭叫喊“着火了”。随后，夏某夫妻及周边商户从中庭扶手梯逃离。四楼另一商户周某某在听到夏某叫喊后，立即和女儿往观光电梯撤离，途经雅图影院前台时，对雅图影院售票员游某（事故中死亡）大喊“着火了”，接着乘坐观光电梯逃至一楼。之后，批发城内近千人迅速逃离至一楼安全区域。监控显示，从游某得知火警到前台监控视频断电的2分钟时间内，雅图影院内观众无逃生迹象。13时51分，一楼商户罗某康发现中庭有浓烟冒出，随即拨打119报警。

2、事故原因

（1）直接原因。

儿童罗某某放火是造成这起火灾事故的直接原因。

（2）间接原因。

①工程部负责人洪某违规操作。

②金轩公司安全生产主体责任不落实，批发城存在严重消防安全隐患。

③雅图影院工作人员消防安全意识淡薄。

④相关部门消防安全检查和落实消防安全工作不到位。

3、处理建议

肖某某，男，中共党员，2008年5月开始任平山街道莲花社区党支部书记、居委会主任。对批发城消防安全巡查监管不到位，对批发城存在的消防安全隐患失察，负有重要领导责任。建议给予党内警告处分。

4、防范措施

（1）地方各级人民政府应当加强对社区消防工作的监管，落实消防安全检查工作。

（2）基层应落实安全生产隐患检查工作，及时制止和纠正违章指挥、违反操作规程等行为。

（3）基层应监督其所在区域内的生产经营单位落实安全生产主体责任。

（4）基层要积极开展群众性的消防安全知识培训，增强群众消防安全意识。

八、茂名市高州市“5·3”重大坍塌事故

2014年5月3日13时20分，高州市深镇镇良坪村委会坑口村一座在建石拱桥（以下简称“坑口石拱桥”）发生重大坍塌事故，造成11人死亡、16人受伤，直接经济损失1015.6万元。

1、事故经过

坑口石拱桥的建设方为茂名市高州市深镇镇大田村委会，由村委会副主任成某（男，59 岁，高州市深镇镇人，已在事故中遇难）代表大田村委会在承包合同上签字，加盖大田村委会公章。由于高州市深镇镇政府要求使用财政资金应进行司法公证，成某、何某于 3 月 22 日找到深镇镇司法所（法律服务所）所长伍某，让其在合同上注明“情况属实”并加盖“高州市深镇镇法律服务所”公章。

坑口石拱桥的设计人为钟某（男，60 岁，茂名市信宜市大成镇人），信宜市大成镇水利水电管理所退休职工，中专学历，曾参加过测量技术培训，没有专门学过力学知识和设计，无任何国家承认的桥梁工程设计资质。出具的坑口石拱桥工程设计没有报高州市交通运输局审批。

坑口石拱桥的承包方为何某（男，50 岁，茂名市信宜市大成镇人），小学文化程度，从 2000 年开始做水泥工，后来自行私下承包修建农村房屋、桥梁等工程，无任何国家承认的有效资质证书、没有专业的施工管理人员。除坑口石拱桥外，钟某、何某还在高州市和信宜市境内承揽过其他农村公路石拱桥的设计、施工。

坑口石拱桥工程建设没有监理机构及人员，实际施工过程中，主要由工程承包人何某、大田村委会副主任成某负责现场施工监督和管理。

5 月 3 日，为完成坑口石拱桥拱圈当日合拢，何某召集信宜市大成镇村民、成某召集周边村民共 91 人到事发点施工。现场人员分成 2 个组，分别负责桥梁工程 A、B 两侧砌石、搬石和搅拌水泥浆作业，其中搅拌砂浆约 20 人、装石头约 20 人、运送石头约 25 人、砌石头约 10 人、其余人员作煮饭等后勤工作。6 时 30 分开工，现场分别从 A、B 两侧向拱顶砌石。11 时许，A、B 两侧砌筑拱圈分别长约 4 米时，暂时停工吃饭并午休 10 分钟后继续施工。13 时 18 分许，何某发现 A 侧施工进度偏慢，即通知站在在建桥梁拱上的成某叫 A 侧作业人员加快施工进度。13 时 20 分许，A、B 两侧砌筑拱圈分别长约 8 米和 9 米时，随着拱上荷载的不断增加和施工人员扰动，支架受力不平衡开始松动，先是 A 侧支架突然坍塌，紧接着 B 侧坍塌，整个在建石拱桥迅速向下垮塌，在桥面上施工作业人员（主要是 A 侧作业人员）连同石块坠落被埋。

2、事故原因

（1）直接原因。

由于桥梁施工拱架的地基基础处理、拱架搭设结构形式和立柱连接接头方式不满足规范要求，拱圈砌筑施工不平衡，施工工序不合理，随着拱上荷载的不断增加，使得木结构拱架失稳，造成整个桥梁迅速坍塌。

（2）间接原因。

①大田村委会违法违规牵头建桥，存在严重安全隐患。

②深镇镇党委、政府落实安全生产责任制和监督管理不到位，事故发生后集体造假，影响和干扰事故调查。

③安全生产监管部门等履职不力。

3、处理建议

（1）许某某，中共党员，深镇镇大田村委会主任。因涉嫌重大责任事故罪，已被公安机关刑事拘留。

（2）林某某，群众，2014 年 1 月开始任深镇镇良坪村委会主任。对辖区内无资质、无手续的桥梁施工建设疏于巡查管理，未能及时制止违法施工行为，负有一定的领导责任。建议高州市监察局对其诫勉谈话。

4、防范措施

（1）施工单位从事建设工程的新建、扩建、改建和拆除等活动，应当具备国家规定的注册资本、专业技术人员、技术装备和安全生产等条件，依法取得相应等级的资质证书，并在其资质等级许可的范围内承揽工程。

（2）施工单位发生生产安全事故，应当按照国家有关伤亡事故报告和调查处理的规定，及时、如实地向负责安全生产监督管理的部门、建设行政主管部门或者其他有关部门报告。

（3）基层应当采取多种形式，加强对有关安全生产的法律、法规和安全生产知识的宣传，增强全社会的安全生产意识。

九、揭阳市普宁市“3·26”重大火灾事故

2014 年 3 月 26 日 13 时 20 分，位于揭阳普宁市军埠镇莲坛村沙堆自然村水浮沟下第二街泉发楼郑某甲等人经营的内衣作坊（以下简称“郑某甲内衣作坊”）发生重大火灾事故，造成 12 人死亡，5 人受伤，过火面积 208 平方米，直接经济损失 390.93 万元。

1、事故经过

起火建筑位于揭阳普宁市军埠镇莲坛村沙堆自然村水浮沟下第二街，名为泉发楼，是叶某甲（普宁市军埠镇莲坛村人）于2010年在其宅地基上建成的民宅，目前业主是叶某乙（叶某甲之子）。整栋建筑窗口均被钢制防盗网封闭，仅二、四、五楼阳台钢制防盗网设置了逃生窗，二楼至天台出入口处与楼梯之间均设置了铁皮门。

2013年4月3日，叶某乙将起火建筑租赁给郑某甲（普宁市麒麟镇水寨村人）并签订《租楼房门市协议书》，双方协议同意租给郑某甲作海绵内衣罩杯定型加工使用，租期自2013年4月10日至2016年4月9日，年租金5.8万元。

郑某甲内衣作坊经营及用工情况：承租人郑某甲与陈某、王某、郑某丙分别按照20%、35%、30%、15%股比合伙从事海绵内衣罩杯定型加工，由郑某甲主要负责日常经营管理，自2013年5月开始在起火建筑内组织生产。该作坊未办理工商、税务登记等任何审批手续。

郑某甲内衣作坊布局情况：一楼为办公室、食堂、仓储和海绵裁剪车间；二楼为郑某甲及其家属、文员和做饭员工居住；三至五楼均为定型车间。

2014年3月26日13时许，郑某甲午饭后在起火建筑一楼办公室内的沙发上抽烟，烟和打火机放在沙发边的茶几上，当时郑某某（2岁11个月、郑某甲的小女儿）在一楼屋内外玩耍。郑某甲抽完烟后，与工人刘某、郑某乙一起搬运一楼楼梯口南侧堆放的海绵堆垛至楼上加工定型。监控视频显示，13时20分许，郑某某从屋外进入一楼室内。13时22分许，郑某某手里拿着打火机跑出屋外告诉正在打电话的做饭员工赖某起火了，赖某立即跑入屋内。郑某甲等 3 人搬完货下至一楼与二楼之间楼梯时发现楼梯口南侧海绵堆垛中下部起火并迅速往上燃烧。郑某甲等 3 人迅速冲下一楼与赖某、陈某等人一边呼喊楼上人员疏散，一边采用灭火器、到屋外取水等方式扑救均无法控制火势。郑某甲见火势控制不住就跑上楼去叫员工疏散，但跑到二楼时停电且浓烟大，就快速往回跑出室外和员工郑某乙一起营救妻子刘某和大女儿，两人打开二楼阳台逃生窗跳下。海绵堆垛很快处于猛烈燃烧阶段，其产生的大量高温、有毒烟气通过楼梯迅速向上蔓延，充满整栋建筑。13 时 25 分，路人见状后拨打 119 报警。随后，赖某带着郑某甲的两个女儿离开现场，郑某某将手里的打火机交给赖某。郑某甲在事故现场逃逸，叶某乙、陈某、王某、郑某丙 4 人闻讯后也相继逃逸。

2、事故原因

（1）直接原因。

郑某某用其父亲郑某甲抽烟留下的打火机玩火，引燃一楼楼梯口南侧堆放的海绵内衣罩杯半成品堆垛。

（2）间接原因。

①郑某甲内衣作坊存在严重的消防安全隐患。

②军埠镇政府落实消防安全责任制和监督管理不到位。

③莲坛村委会及沙堆村贯彻执行上级政府和有关部门关于消防安全隐患整治的工作部署不力。

④有关部门监察、督促、指导村委会履行消防安全职责不力。

3、处理建议

（1）陈某某，中共党员，2008 年 3 月开始任普宁市军埠镇莲坛村党总支书记，2011 年 7 月起兼任军埠镇党委委员。没有按照上级组织要求开展好安全生产、消防安全工作，未贯彻落实好安全生产“一岗双责”制，对事故的发生负有主要领导责任。建议给予党内严重警告处分。

（2）叶某某，中共党员，2005 年 4 月开始任普宁市军埠镇莲坛村党总支委员、沙堆村支部书记。对辖区内非法作坊的巡查监管不到位，对安全生产、消防安全工作不重视，工作存在漏洞，未能按照镇里的部署落实监管责任，没有及时发现并整治郑晓生内衣作坊，对事故的发生负有直接责任。建议给予撤销党内职务处分。

4、防范措施

（1）禁止在具有火灾、爆炸危险的场所吸烟、使用明火。

（2）储存可燃物资仓库的管理，必须执行消防技术标准和管理规定。

（3）基层应当协助人民政府以及公安机关等部门，加强消防宣传教育。

（4）基层应当组织开展经常性的消防宣传教育，提高公民的消防安全意识。

十、梅州市兴宁市“12·26”较大爆炸事故

2013 年 12 月 26 日 16 时 17 分左右，广东省梅州市兴宁市新圩镇船添村长印下，发生一起民居非法存放烟花爆竹爆炸事故，造成 6 人死亡、3 人受伤，存放烟花爆竹的三层民居倒塌，周边 7 户民居不同程度受损，直接经济损失 238.6 万元。

1、事故经过

非法存放烟花爆竹发生爆炸的民居点，位于兴宁市新圩镇船添村长印下，烟花爆竹货主为张某甲，屋主为吴某甲。该房屋是三层红砖混凝土结构，每层建筑面积约 150 平方米，每层结构都是 4 房 1 厅 1 走廊，大厅左右各有两个房间，每个房间面积约 15 平方米，厨房在一楼入大门左侧，约 10 平方米，平时有家庭成员 7 人居住。房屋内有 4 个房间存放烟花爆竹，烟花爆竹存放总数量约为 502 件，折算总药量约为 960 公斤，其中：烟花约为

228件，爆竹约为274件，分别是2寸组合烟花约134件，1.5寸组合烟花约74件，1.2寸组合烟花约20件，各类卷装平炮约269件，彩雷子炮5件。从2008年张某甲的女儿张某乙嫁给吴某甲的大儿子吴某乙起，吴某甲就同意亲家张某甲请求，每年在其家中存放烟花爆竹。

2013年12月26日上午，张某乙驾驶厢式小货车，载张某甲到兴宁市远红烟花爆竹经营部购买80件26 cm、100件36 cm爆竹（药量为2866 kg，货值1.6万元），回到新圩镇仕兴烟花爆竹商店（兴宁市新圩镇新兴路1号）时，已是下午2时，张某甲安排两个儿媳刘某、徐某到吴某甲家中去卸货。张某乙驾驶厢式小货车把当日购买的爆竹运至吴某甲家，由张某乙的丈夫吴某乙和刘某、徐某把爆竹搬至二楼最西面的房间堆放。下午3时左右，张某乙开车载吴某乙、刘某、徐某回到新圩镇仕兴烟花爆竹商店。下午4时左右，张某乙骑摩托车回到家里（吴某甲家），准备载其家婆廖某、小儿子吴某丙到新圩圩镇买衣服，正巧廖某带其孙子吴某丙去屋外侧喂鸡，张某乙就独自先去学校接其大儿子吴某丁，刚离开不久，就发生了爆炸。

2、事故原因

（1）直接原因。

意外火险引燃屋内杂物，燃烧传导到存放的大量烟花爆竹，导致屋内各存放点烟花爆竹产生爆燃、爆炸和殉爆。

（2）间接原因。

①张某甲违反法律法规规定，非法大量存放烟花爆竹。

②吴某乙、张某乙等5人法律意识和安全意识淡薄，参与、协助在吴某甲杨家中非法存放烟花爆竹。

③兴宁市新圩镇党委、政府未严格按“属地管理”原则和有关法律法规规定，加强对烟花爆竹的安全监管。

④有关部门对烟花爆竹的销售、批发工作监管不力。

3、处理建议

（1）刘某宏，中共党员，2010年11月起任新圩镇船添村党支部书记，2011年3月起任船添村党支部书记、村委会主任。未严格按照新圩镇关于《印发新圩镇烟花爆竹安全专项整治工作方案》的通知（新府字〔2013〕24号文）要求，认真组织烟花爆竹“打非治违”工作。对村内民居长期非法存放大量烟花爆竹的问题失察。对这次事故的发生负有重要责任，建议给予党内严重警告处分，依法罢免村委会主任职务。

（2）吴某雄，中共党员，2007年起当选为新圩镇船添村党支部委员、村委会委员。对村里管片范围内民居中长期非法存放大量烟花爆竹的重大安全隐患排查不力。对这次事故的发生负有重要责任，建议给予党内严重警告处分，依法罢免村委委员职务。

4、防范措施

（1）生产、储存、经营易燃易爆危险品的场所不得与居住场所设置在同一建筑物内，并应当与居住场所保持安全距离。

（2）基层应当采取多种形式，加强对有关安全生产的法律、法规和安全生产知识的宣传，增强全社会的安全生产意识。

（3）乡、镇人民政府的派出机关应当按照职责，加强对本行政区域内生产经营单位安全生产状况的监督检查，协助上级人民政府有关部门依法履行安全生产监督管理职责。

十一、北京市大兴区“4·25”重大火灾事故

2011年4月25日凌晨0时30分左右，位于大兴区旧宫镇南街三村振兴北路27号在农民宅基地上自建的四层楼房发生火灾，经消防战士全力扑救，凌晨2时16分，明火被扑灭。此次火灾过火面积约300平方米，造成18人死亡、24人受伤，事故直接经济损失286.22万元。

1、事故经过

2011年4月24日23时许，一层服装加工点雇用人员下班后，高德发拔下屋外给自

用电动三轮车充电插头，将三轮车推入车间即回屋休息。25日凌晨0时30分左右，高德发被玻璃破碎的声音惊醒，起床后发现一层服装加工车间着火，便一边呼喊一边清理一层宿舍区东南侧门口的杂物，从杂物上面的缝隙爬出宿舍区后，通过车间东侧的楼梯过道来到车间大门口，打开卷帘门试图从车间进入宿舍区救人，发现车间已全部起火，电动三轮车轮胎全部烧毁、车间东侧货物存放点火势较大，便拿起大门内侧的灭火器向车间喷射。此时，住在四层的吴荣华和王虹艳夫妇发现起火也已逃到楼下帮助高德发救火，发现灭火无果且火势越来越大后，吴荣华拨打了“119”报警。此后，高德发爬上二层帮助租户拆掉东侧窗户护网逃生。

2、事故原因

（1）直接原因。

存放于事故房屋一层服装加工车间东南部的电动三轮车蓄电池电源线短路，引燃周围可燃物。

（2）间接原因。

①事故房屋长期存在重大消防安全隐患。

②属地派出所和区消防支队针对事故房屋的消防安全监督检查不到位。

③工商部门对辖区内非法经营行为查处不力。

④南街三村村委会、旧宫镇政府、大兴区政府履行消防安全监督检查职责不到位，对辖区内非法经营、违法建设、违规出租等问题查处不力。

3、处理建议

（1）赵某某，中共党员，旧宫镇南街三村党支部书记，兼任村委会主任。其未认真履行职责，对本村存在的违法建设、违规出租、无照经营等问题管理不到位，使本村存在的消防安全隐患长期得不到有效的治理，对此负有直接责任，其行为已构成玩忽职守。建议给予其开除党籍处分，罢免其村民委员会主任的职务。

（2）张某某，中共党员，旧宫镇副镇长，兼任旧宫镇防火委员会副组长。其负责消防安全、流动人口管理等工作期间，未认真履行职责，执行区、镇政府工作部署不到位，排查纠改消防隐患不彻底，消防安全隐患挂账制度不落实，对辖区内各村民委员会履行消防安全职责的情况监管不力，对此负有主要领导责任，其行为已构成玩忽职守。建议给予其留党察看一年、行政撤职处分。

（3）冯某某，中共党员，大兴区旧宫镇镇长、党委副书记。其未认真履行职责，对辖区内存在的违法建设、违规出租、非法经营等监管不力，对消防安全隐患未采取有效措施进行整治；在大兴区公安消防支队提出该镇存在重大火灾隐患报告后，落实整改不彻底，对此负有领导责任，其行为已构成玩忽职守。建议给予其党内严重警告、行政降级处分。

（4）刘某某，中共党员，旧宫镇党委书记、旧宫地区党工委书记。其对其辖区内长期存在的违法建设、违规出租、非法经营问题的查处工作组织领导不力，治理措施不到位，消防安全隐患未及时消除，对此负有领导责任，已构成玩忽职守。建议给予其党内严重警告处分。

（5）常某某，中共党员，大兴区副区长，兼任区委政法委副书记、区防火安全委员会主任、区安全生产委员会主任、区流动人口管理委员会副组长。其分管区消防安全等工作，对火灾隐患排查工作的落实整改不到位，未对火灾隐患排查工作进行有效监督；对负责专项治理的责任部门及其工作人员有效履行职责情况缺乏监管，致使消防安全隐患未得到有效治理，对此负有重要领导责任。建议给予其行政记大过处分。

4、防范措施

（1）基层应督促企业严格落实消防安全责任，依法履行责任，保障消防投入，切实在检查消除火灾隐患、组织扑救初起火灾、组织人员疏散逃生和消防宣传教育培训等方面提升能力。

（2）建立严格的电动车等充电池充电管理制度，充电期间要做到实时监控，充电器周边严禁堆放易燃可燃物品。

（3）要保障疏散通道、安全出口和应急通道畅通，不得埋压、圈占、损坏公共消防设施，不得挪用、挤占公共消防设施建设用地。

（4）企业不得非法经营，城镇与乡村居民不得通过非法建筑招商出租获利。